草帽中的財富密碼

當富拉克遇見海賊王——

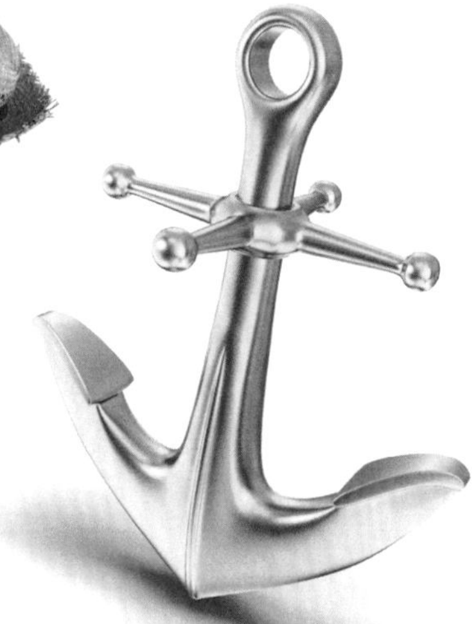

華人知識經濟教父
黃禎祥、草大麥、紀硯峰◎著

當富拉克遇見海賊王

「海賊來了！」

從門外傳來的吶喊聲，一路傳到各個艙房，掀起一波波驚懼的波浪。

這艘商船的船員們紛紛跑到甲板上張望，只見遠方一艘巨大的帆船，正以驚人的速度朝這邊駛來，主桅高掛著猙獰的骷髏旗幟。

那是加勒比海最惡名昭彰的海賊團——黑鬍子海賊團，傳說他們燒殺擄掠，無惡不作，而且規模龐大，此時遇到的，僅只是黑鬍子海賊團其中的一艘海賊船。

——該怎麼辦？

幾乎所有人的心中都湧上絕望。這艘單純的商船，並沒有任何能對抗的人力和資源。

忽然船邊傳來「撲通」、「撲通」地落海聲，令現場更加混亂。看來船上有些乘客因為畏懼海盜，寧願跳海逃亡也不願留下來等死。

但奇怪的是，其中有幾名船員並沒有被這種恐慌的情緒所感染，反而顯得有些興奮。和衣著華麗的商人們比起來，這些摩拳擦掌的人們穿著樸素，甚至有些破爛。

這群人自稱「旅行家」。他們向這艘商船付了一些船資，隨身帶著輕便的包裹，到處遊山玩水。他們之中有一名紅髮的男子特別喜愛自己一個人獨自下西洋棋。此時海盜來襲，他依舊坐在棋盤前，氣定神閒。但若仔細觀察，就會發現他嘴角露出一抹微笑。

「兄弟們，揚帆吧。」紅髮男子說。

其中一人應了聲，從包裹掏出一張破布，往空中一拋，右手一揚，一枚匕首刺穿破布，帶著破布，一路射到海盜船上，紮紮實實地釘在對方的主桅上。

海風一吹，破布隨之飄揚，原來那竟是一張海賊旗！

此時，黑鬍子海賊船已經近在咫尺，可以看到那群兇神惡煞滿嘴獰笑，雙手甩著勾繩，準備登船行劫。

紅髮男子忽然移動一枚棋子，說了聲：「將軍！」同時，黑鬍子海賊船的船底轟隆巨響，整艘船劇烈震動，火光、硝煙與木片四濺飛射。

原來之前那些「跳海逃生」的人，其實是紅髮海賊的夥伴。他們預先潛入水中，在敵方的船底安裝炸彈。

戰爭開始了，兩團海賊團交戰——顯然，紅髮男子的海賊團因為炸掉對方的船，而佔了上風。

商船的船長咽了口唾液，大著膽子向紅髮男子問：「請問，你們也是海賊嗎？為什麼要幫助我們呢？」

紅髮男子笑著回答：「幫助人需要理由嗎？」

他把目光移到戰場，接著說：「海賊是一群喜歡自由的人。我們希望讓更多人能自由地航海。」

在古代的加勒比海，有兩種海賊。一種是打家劫舍的海賊，一種是追求自由、熱愛冒險的大海男兒。

在現代的「商場海洋」上，也有兩種商人。一種是重視自我利益的商人，一種是聚焦於對社會有所貢獻的商人。

古代加勒比海上那些追求自由、熱愛冒險的海賊，其實在某種意義上可以不被稱為海賊。他們只是一群熱愛歡笑、享受生命的大海男兒。

現代商海上那些聚焦於對社會有所貢獻的商人，其實在某種意義上也可以不被稱為商人。他們只是一群希望能讓更多人提升腦袋知識、提升口袋收入、過著豐盛富饒人生的「旅行家」——在人生的偉大航道上暢遊、享受與旅行。

在偉大的航道上冒險的海賊們，有一個共同的海賊王。

那就是《One Piece》的擁有者——哥爾·D·羅傑。

這些在商海中悠遊的「正義海賊」們，也有共同的海賊王。

——那就是富勒博士與彼得·杜拉克。

任務第一，團隊第二，個人第三

Worldwide Dreambuilders 是由一群牧師、傳道人所成立的。

當初成立這個組織的使命，是為了建立一個堪稱為後世典範的組織。綜觀人類歷史，最會發展組織的，莫過於耶穌，從十二門徒到現今的規模。

身為傳道人，我們有責任、有義務、也有機會讓每一位與我們接觸的人，生命變得更加美好。

「改變」，意味著跨出舒適圈，對許多人來說，揮別過去的自己就和死亡無異。聖經上說：「制服己心，強如取城。」即改變自己比攻下一座城堡還難。而願意忍痛改變的人，就能翻轉命運。

Aaron Huang是由Worldwide Dreambuilders團隊所帶出的華人學生，並在他生長的國家開始建立一個「任務第一，團隊第二，個人第三」的團隊。

我們相信，這個團隊會越來越好，並且讓每一位與他們接觸的人，生命得以提昇。

——「世界夢想建立者」代表人 Bill

我唯一的合作夥伴

Aaron Huang （黃禎祥）與Success Resources是我在全台灣唯一的合作夥伴。

Aaron和他的團隊非常傑出、卓越、令人信賴。

他們是我唯一可以信任的企業家與組織，他們可以把每個細節安排妥當，讓我的每個課程、研討會、演講都非常精彩。

我要謝謝他們。

——行銷天王 傑、亞伯罕

成功的「成功密碼戰」

Aaron Huang 是我所認識的亞洲人之中，績效最好的。

他和他的團隊總是能把我的活動辦得非常成功、無可挑剔，每個環節都安排得非常好，讓我作為演講者非常輕鬆、非常順利。

我能到亞洲向這麼多人分享我的經驗，都要靠Aaron Huang和他公司的大力協助。

在2006年我來台灣時，我的好友Aaron Huang 替我籌備了完美的演講機會——『成功密碼戰』，我要謝謝他。

——成功策略學權威 博恩．崔西

明智的億萬富翁

Aaron Huang 是位不可思議的人。

他是一位傑出的企業家，聰明、積極、謙遜、誠信、有智慧，我非常欣賞他。

我相信他能讓更多需要幫助的人，成為我書中所提倡的「明智的億萬富翁」，當世上有更多的「明智的億萬富翁」，這個世界就會變得更美好。

我相信他能做到。

——《零頭期款》、《一分鐘億萬富翁》作者 羅伯特・艾倫

真正的教育家

真正的教育家不是我，而是我的好朋友。

這位好朋友投資自己的時間、資源和名聲來提升這個世界的知識經濟水平。

這是一名成功創業家、一名偉大銷售員的表現。

我要在這裡真誠、公開地感謝我的好朋友Aaron Huang。

——富爸爸集團董事長 布萊爾．辛格

一本趣味十足的夢想實踐手冊！

什麼東西啊！竟然有《當富拉克遇見海賊王——草帽中的致富密碼》的作品。

原來是引進國外大師來台演講的靈魂人物——黃禎祥總經理搞出來的創意。

他融合了管理學之父——彼得・杜拉克與其前輩——巴克敏斯特・富勒博士的智慧結晶，加上紅遍日台等地的《海賊王》淺顯易懂的故事，結合他多年的實戰經驗，所出版的商業智慧結晶。

黃禎祥說，希望能透過此系列作，令漫畫不只是漫畫、商管叢書不只是商管叢書，真正達到「寓教於樂」的境界。多年來從事工商時報〈經營知識版〉主編的經驗告訴我，這年頭經營管理的談法變了，從為企業賣命、學習企業經營之道；到為自己工作發聲、強調工作智慧；現在大家要的是趣味、是實用、是財富倍增。基於這樣的轉變，於是將管理大師杜拉克、富勒博士與海賊王結合在一起，這是一本兼具實戰智慧、又趣味十足的夢想實踐手冊。

——《時報文化》總經理 趙政岷

勇玩與憨勁

認識禎祥多年，禎祥幼年雖罹患小兒麻痺症，卻沒有因此困鎖自己；成長過程照樣和鄰人、同學打棒球，一樣追趕跑跳碰。這養成他不自卑、不自憐的特質；成年後的禎祥，挫敗對他來說，是常有的事，而他不自我設限的個性，多少跟童年時期「勇玩」有關。

看禎祥他個子不高，志氣卻很高。更在行銷領域上以勇敢的心——我們稱為「憨」——闖蕩行銷直銷圈，禎祥真的有這股憨勁，造就今日他與世界最頂尖的行銷大師，與之齊平交往的成就。

有一天，禎祥跟我說，他觀察了許久，確認杜拉克是大師中的大師，特別是杜拉克生活簡樸，奉行基督信仰精神，更十分之九奉獻，多做公益，是他效法的對象。

人若賺得全世界，而失卻了生命，又有何意義。人生的價值不就如同杜拉克，充分發揮恩賜，在專業領域被尊重，卻謙卑不忘感恩。

這幾年，禎祥戮力專研杜拉克的思想，以杜拉克為師，企望也能進一步幫助更多企業人，擁有大格局，做對事。

《當富拉克遇見海賊王——草帽中的財富密碼》是禎祥的開始，相信此後將會有更多著作，以生命影響生命造就，是閱聽者的福氣。

——財團法人橄欖文教基金會董事長 尹可名

一見如故

偶然有機會認識了黃老師，我們倆一見如故。

我相當佩服黃老師，對於他的專業及相關經歷都是我學習的對象。因為我倆出身的背景相似，都是貧苦的單親家庭及高職畢業，也剛好都是基督教徒，所以對人生及未來充滿了正面的能量， 也希望能將過往的人生經驗或知識分享及鼓勵給更多的年輕人，讓他們對人生持續懷抱著夢想及希望。

黃老師出書的動機跟我近期出書的動機都一樣，永遠不要對未來放棄希望：就像我的書《改變我賺錢能力的十件事》也是，從我本身一個貧困的礦工女兒出身，最後能從高職女生成為財經博士，還有誰不能？所以只要下定決心，每一個人的未來，都有無限可能！。

《當富拉克遇見海賊王——草帽中的財富密碼》是黃老師很棒的新著作，他融合了管理學當代教父彼得‧杜拉克與其前輩富勒博士的多年智慧結晶，加上紅遍世界各地、淺顯易懂的《海賊王》漫畫故事，與其多年的實戰經驗，用輕鬆易懂的方式分享許多年輕人應該學會的關於財富與管理的智慧。

相信此後將會有更多、更棒的著作上市，提供很多、很棒的新觀念，是眾多讀者的福氣。

——炘世紀數位營運長&董事/滔客雜誌社社長

新一代小資理財教主　楊倩琳博士

不虛此行

當初與黃禎祥老師接觸，是想看看我心目中的老師到底是怎麼樣的一個人，結果讓我收穫滿滿、豐富滿滿、不虛此行。

黃老師的課，是我這輩子上過最好的課。

——富邦人壽銷售總冠軍 陳立祥

黃老師是我成功的燈塔！

細數一下，我與老師認識也有近十年的時間。

還記得當初的我在公家機關上班，是個對未來懵懂無知的小女孩，不知道未來的方向，也不知怎麼管理自己的金錢，甚至背了小小的負債。

某天，我的朋友送我一本書，作者是博恩・崔西，我從書中學習到他對金錢的管理和對未來的人生規劃，看完那本書，讓我非常嚮往跟大師學習。

那時，剛好碰到博恩・崔西要來台灣演講，我的朋友就邀我一同前去。但是，老天似乎要考驗我的決心，讓我在聽演講前，出了一場大車禍，腳受傷得非常嚴重，有一段時間只能在家休養。

自從出了車禍後，我對於騎車出門這件事情，心中種下了一個揮之不去的陰影。所以，到了博恩・崔西演講的當天，我一直很猶豫：到底要去還是不去？

但我很想要改變現狀，很想要親眼看到大師，親耳聽到大師的演講，於是我鼓足了勇氣，淋著大雨，騎著機車前往會場。

當時的我也不知哪裡來的勇氣，但我很感謝當時我所做的決定，現在看來真是太值得了！

大雨中，經過了一段艱辛的路程，終於騎到了演講會場，但課程已經開始了。令人氣餒的是，我的票在朋友身上，但他早已進入會場並且把手機轉成靜音了。

我一個人在門外單腳站著，默默地聽大師講課，會場的人員看到我全身濕淋淋，腳還不方便，非常親切地把我領到前面的座位聽講。

至今，我仍然非常感謝他當時貼心的舉動，讓我可以這麼近距離地看到博恩・崔西老師，彷彿成功就在我的眼前。

在課程中，我也意外地認識了黃老師（Aaron），原來黃老師就是主辦單位的負責人，就是他邀請博恩・崔西來台灣演講的。有老師坐鎮，會場人員的服務訓練會這麼紮實，就一點也不足為奇了。

課程結束後，我每天都沉浸在大師的智慧裡，聽講後的感動，讓我告訴我自己：我想常常聽到這類大師的演講！我想要學習更多！

我突然想到一個好方法，那就是衝到黃老師的辦公室，問他這裡有缺人嗎？我想要來這裡上班。

我到黃老師的辦公室時，黃老師當時正在忙，他的秘書請我稍等一下。最後，很感謝老師當時給我機會，可以成為他秘書的助理，在他身邊學習。

事後我們談起那次邂逅，老師也覺得當時的我真的很搞笑！不得不佩服我的傻勁！

在老師身邊學習的這段時間，我學會了怎麼落實大師所說的話，將大師的智慧語錄內化成自己的東西。我學習了很多業務經驗，包括怎麼辦課程、怎麼談異業結盟、怎麼規劃我自己的人生，最重要的是——我找到我自己熱愛的領域去發展！向造型的產業邁進！

在造型領域中，我不斷一步一步往上爬，從寫真、到婚紗、到電視台，去年更隻身前往現今流行的韓流造型學習和工作，回國後我成為最大網路電子雜誌時尚相關的總編輯，並自創自己的保養品品牌——蕭SIAO。

這一切的一切，都得感謝在黃老師身邊的學習經驗，以及接受各位大師智慧的洗禮，讓我未來的每一步都更加開拓！

對我而言，跟在老師身邊的學習，讓我之後賺進了不只百萬，老師的智慧不僅能開啟心靈的路，更棒的是他也開啟我通往致富的大道。

——知名網站《美麗滔客》主編 蕭叔孟

一間有夢的咖啡館

我們是一群來自各行各業的年輕人，原本我們彼此都不認識，因為認識了黃老師，我們有緣聚在一起，並且在信義區投資了一家咖啡館。

老師教我們：「創業一開始，要有一個信仰。」老師說，所謂的「信仰」不是指宗教，而是一種從心底深處相信的信念、一種執著的意志、一種想讓他人生命變得更好的心。這種「信仰」是創業家的靈魂。

創業並不容易，過程中有歡笑、有爭吵、有奮鬥、有低潮、有分裂、也有過抱在一起感受彼此的愛、哭泣。

我們雖然是年輕人，但身體就有各式各樣的毛病，所以我們希望把健康帶給更多的人，讓他們擁有健康的身體與飲食觀念。

我們不是專家，但我們憑著一股信念，想讓跟我們接觸的人，生命開始變得不一樣，就像我們因為接觸黃老師而改變生命那樣。

——富拉克知識咖啡館

不要為錢工作

這幾年我與許多企業家、國外的超級富豪與教練近距離接觸，在他們身上學習到許多一般人不得其門而入的細節，但我常在思考——

為什麼一般人無法像這些富裕人士一樣，可以壓縮成功所需的時間，用三到五年打造千萬資產？甚至成為億萬富翁？

如果現在我們不開始認真用對的方式學習，那再五年後呢？會比現在更容易嗎？還是難度會更高呢？

我想，在高房價的今日，一般上班族要在台北市買一間房子，必須咬緊牙根、努力存錢，但究竟要花多少年才有機會買到房子？但為何這些有錢人他們可以輕鬆做得到？他們真的有比我們聰明嗎？智商有比我們高那麼多嗎？

每當我在對學員上課時，我總是會問：「賺錢重要還是學賺錢重要？」通常被這麼一問，九成以上的人都會回答：「學賺錢。」

可是，檢視我們過去的工作與生活，我們到底花多少時間在「學賺錢」？甚至連如何找到對的人學習都不會呢？

如果你的夢想是在台北市買一間房子，你研究過哪些人曾經用最有效能的方法，賺到自己想要的人生嗎？

以往因為工作的關係，我需要在多國之間往返，最後定居在新加坡，開啟我接觸世界上各領域「冠軍工作者」的生活，舉凡彼得・杜拉克家族；永恆財富製造權威——比爾・古德；行銷之神——傑・亞伯罕；金氏世界汽車銷售冠軍記錄保持人——喬・吉拉德；世界房地產銷售冠軍——湯姆・霍普金斯；亞洲選擇權冠軍——克萊門；《富爸爸 窮爸爸》作者——羅伯特・清崎與其教育訓練團隊；《有錢人想的和你不一樣》作者——哈福・艾克；《一分鐘億萬富翁》作者——羅伯特・艾倫；前美國總統——柯林頓……等。

與他們一起合辦活動、一起工作，讓我私底下有許多近距離觀察這些人的機會，透過向他們請益許多問題，更大大擴張我這個屏東鄉下孩子的視野，同時也激發我無盡的想像力與企圖心。

當我三十五歲那年事業失敗、破產，五年內卻能戲劇性地在美國上空搭乘米高美（MGM）老闆的私人飛機、開零到一百加速只要四秒的藍寶堅尼跑車、在富豪的私人遊艇上與海豚共舞、在畢卡索真跡餐廳享受最高檔的美食、住在曾經接待過麥可・傑克森的拉斯維加斯總統套房……，這樣的興奮度並沒有持續很久，甚至沒有比我一貧如洗、兩袖清風、三餐不繼之時，用最微薄的力量幫助人來得快樂。

直到有一年我在曼谷一家五星級飯店裡，與富爸爸教育集團的董事長布萊爾・辛格，從晚餐時間一直深談到凌晨三點多，他用自身與羅伯特・清崎的真實故事與經驗，加上管理學大師彼得・杜拉克在《旁觀者》裡提到「曠野中的先知」富勒博士的強大研究，才替我解開心中那個不解的財富之謎：

- 有錢，有時是誤打誤撞做對某些事、遵循了某些法則。
- 會經歷低谷、挫折，是因為我們還沒學透其中的道理。
- 對的做，錯的也做，不容易擁有永恆的財富。

- 有錢，不會讓你快樂得很長久，可是按照某些自然界的法則，卻能讓我們享受從心底而來的喜樂與源源不絕的財富與平安。

當我在更深一層認識管理學大師彼得・杜拉克之後，頓時明白這些世界級冠軍教練的智慧，很大一部分是承襲自彼得・杜拉克，也終於弄懂杜拉克先生雖然講的是「管理」，卻是能通用在人生、健康、財富、人際關係……等的基礎法則，加上傳統成功學的精神導師——「曠野中的先知」富勒博士的理論，才是致富真正的關鍵與答案。

回台灣近七年，許多出版社都來找我洽談出書的事宜，但在我心底總有一個「立功、立德、立言」的堅持，直到前奧圖碼亞洲區的執行長郭特利先生不斷地鼓勵我，加上太太與夥伴的支持，以及長輩們的期盼，於是我決定把這些累積在我人生裡的經驗與大腦裡的思想分享、貢獻出來。

我在Worldwide Dreambuilders的教練告訴我，「人生要有成就」一定要有一個信念：「凡事都是為最好做準備！」我想是的。

過去我頻繁地接觸這些世界級教練，可是卻總覺得少了些什麼。

兩年前去了內地，接觸到彼得・杜拉克管理學院的院長，開啟我研究杜拉克的契機，於是我發現：把杜拉克管理學的精華結合這些世界大師們的智慧，將會對華人世界產生正面的影響；同時，我的人生下半場也是該實踐彼得・杜拉克先生所言的「貢獻」的時候了。

我要感謝的人實在太多了。感謝生在這個變動的年代。身為知識教育工作者，最難的不是「教」與「分享」，而是「示範」給自己的學員看，尤其是「真誠 Integrity」。在日常生活上，如何「學」、「教」、「做」就變成了一生的功課。尤其我發現我的兒女都會模仿我的言行舉止。我是誰？生活、賺錢的目的到底是什麼？

我要謝謝我的神、我的信仰，帶給我智慧與力量，安排一連串生命的高潮迭起、死蔭幽谷，讓我能更深地體會杜拉克與這些大師們想要傳達的正面訊息；我要謝謝二個男人——陳和協老師和布萊爾老師；我要謝謝四個女人：我屬靈的媽——汪婉芬小姐、包容我與支持我的太太、養育我的媽、以及小時候認養我的美國媽媽——布妮蒂・瑪莉媽咪……，還有我Yes Team不斷支持我的夥伴和教會。

現在，就讓我們從杜拉克教我的財富觀開始談起吧！

杜拉克在其自傳型小說裡，曾經提到一個故事：

當時杜拉克在一家銀行工作。幾年之後，他決定離開銀行界。但公司的老闆開出三年年薪兩萬五千美元的條件，希望在美國的杜拉克可以成為其在美國的代表。

當時的兩萬五千美元，比華盛頓內閣閣員或大公司的最高主管都還高，而杜拉克的工作內容，其實不需要做什麼，而且當時經濟蕭條，找工作並不容易，但杜拉克依舊拒絕了，當時杜拉克自稱自己的狀態是「家無恆產，也沒有新工作在等他」。

幾年後，該公司的老闆再度提高年薪，杜拉克還是拒絕了這個要求，因為他並不喜歡從事銀行業，而且自認他對「成為墳墓裡最有錢的人」這件事沒有興趣。

數年之後，杜拉克進入時代雜誌工作，公司老闆也提供非常好的條件，同時，他可以在時代雜誌工作、擔任編輯，可說是至高無上的榮譽。但杜拉克後來還是離開了。

因為他清楚地知道老闆所提供的高薪，對杜拉克來說，簡直是對知識工作者才智的謀殺。

對年輕的杜拉克來說，或許他還尚未明白自己這輩子到底想要做什麼，可是他卻拒絕「為錢工作」。

在《下一個社會》中，杜拉克也再次提到，知識工作者不會為錢工作，會為使命、理想等其他的附加價值工作。

而我的教練們也不斷地提醒我們：「為錢工作容易累，即使與人合作也不應該找為錢工作的人。」

如果不為錢工作，那麼到底怎麼樣才能賺到錢？

每一個國家、每一個社會，到處都充斥著有錢人，他們或許有高級名車代步、衣著名牌、擁有無數的家管……，但這些世人眼中的「富有人士」，卻不一定「富裕」。

富有與富裕本質上存在著很大的差異，「富有」是指物質生活的充足，然而「富裕」則是金錢、家庭、健康、工作、人際關係……等各方面的平衡。

仔細看看你的生活周遭：

是不是有哪個親戚為了賺錢不停地加班、應酬，而必須犧牲與孩子相處的時間？

是不是有哪個朋友擁有比你多五倍的薪水，可是不到四十歲，卻已經肝硬化、高血壓、甚至中風？

更多有錢人賺到了人人欣羨的財富，可是卻失去健康、婚姻、家庭、人際關係……。然而，這絕對不是你生命裡該有的光景。

本書介紹的方法，剛開始你需要付出很大的努力，但漸漸地，你需要花的時間會越來越少，但財富卻不斷地增加。美國房地產投資專家、《一分鐘億萬富翁》作者羅伯特・艾倫說的「多重收入」，也只是其中一種。

如果把賺錢放在人生目標第一位，久了會感覺到痛苦、力不從心，甚至會失去人生中一些很重要的東西。

杜拉克就是為了避免讓自己失去真正的自己，所以放棄許多能夠賺大錢的機會。他追求生命真正的意義，機會與金錢卻反而源源不絕地朝他湧來。

當我們越懂得貢獻自己，富裕的生活就越容易得到。這也是為什麼很多人不敢在台北市買房子，可是我回台灣短短六年，卻有許多能賺錢的房地產投資案找上我。

因為當我懂得這個財富道理，我只要養成習慣，每天想：「我能有什麼貢獻？」我的世界就開始不停地轉變。

致富的密碼說易不易、說難不難，只是你有沒有、願不願意認真按照杜拉克所教導的去管理它、實踐它。

當你看完整本書之後，把這些東西，實際地運用在創富過程中，相信你的生命，會獲得驚人的改變！就像當年的我一樣！

——華人知識經濟教父 黃禎祥

細數恩典之夜

在吃完感恩節大餐、送走老朋友與新朋友後，凌晨12點才回到家。冬夜的陽明山一如往年般寒冷。

此時此刻，我手上捧著一杯熱呼呼的咖啡，細數恩典。

在2013年三月，由於上了一陣子黃禎祥老師的課，我的大腦產生了進化般的成長，無數個有趣又瘋狂的idea從我腦中竄出，造成無數個難眠的夜晚。

雖然有許許多多的構想很快又隨之殞落，卻有一個構想存活下來，並且在許多人的努力下，成為各位讀者手上的這本書。

《海賊王》劇情中有很深的杜拉克智慧。我強烈懷疑作者尾田老師有看過杜拉克的書。」我不只一次對周圍的人銷售這個概念。

黃老師作為我的恩師、貴人、教練兼總經理，他當然懂我在說什麼，因為他的課堂中就不只一次把《海賊王》拿來當作管理學的教材。而我做的，僅只是把肉片和麵包夾在一起，變成三明治而已。

直到今日，我可以讓這個不成熟的構想成為一本書、我可以和全亞洲最頂尖的教練一起寫書、我可以透過知識經濟來幫助更多追求卓越的年輕人、我可以讓最少六個人真誠地對我說「你改變我的未來，開啟生命的另一扇窗」、我可以知道如何把興趣變成收入、我可以知道如何發揮自己的優勢領域、我可以藉由吃喝玩樂來賺錢、我可以保證自己能在30歲前退休……

我今天可以走在這條充滿被祝福的道路上，實在有太多人要感謝了。

我要謝謝我的家人，雖然他們一直不明白我腦袋在想什麼、工作在做什麼，但對我始終保持關懷與協助。

我要謝謝我18歲那年，受邀於台科大演講的李欣頻小姐，是她讓我了解到「興趣可以變成收入」這件事。

我要謝謝羅伯特・清崎與他的教練「富爸爸」，是他們讓我認識「多重非工資收入」的思考系統。

我要謝謝黃老師，是他以德報怨，願意把我當接班人般栽培我、教育我、訓練我，讓我在這個知識經濟乾枯到宛如沙漠的土地，看到一大片綠洲，讓我成為這片綠洲的居民之一。

我要謝謝神秘的草大麥，是她拉起長年沉在我心中的黑暗心錨。

我要謝謝我的團隊夥伴，是他們願意為團隊付出貢獻、各展所長，包容我的任性，讓我沒有後顧之憂地發展自己的優勢領域。

我要謝謝那些把工作辭掉、把未來與夢想放在我肩上的好朋友，是他們讓我真正體會到：如果我不能強大到足以保護他們，那我就會失去他們。

我要謝謝虎寶與龍寶，是他們讓我練習如何當一個好的領導人、好的示範者、未來的好爸爸。

我要謝謝尾田榮一郎，他的《ONE PIECE》不但是漫畫史上最暢銷的漫畫，也是一本頂尖的商業性書籍。

我要謝謝老師的良師益友群，是他們帶著老師走過死蔭幽谷，是他們讓我們這些年輕人有了希望。

我要謝謝幫老師寫推薦序的企業家、專業經理人、領袖、教練們，謝謝他們對老師知識與貢獻的肯定。

我要謝謝《業務九把刀》的作者哲安，還有采舍國際的王董事長、歐總經理及創見文化的蔡小姐，是他們把這本書送到各位讀者手中。

我要謝謝各位讀者，很榮幸能與各位在這本書上見面，也期待我們有更深更多的互動。

我要謝謝我的信仰，我能有今天，都是祂的安排與恩賜。

本系列作將分享全新顯學——「富拉克」，這是一種融合管理、行銷、建立團隊、銷售、演說、辦活動、如何開會、成功策略學、與人合作、創新與創業、財富的法則等各個領域的全新學派，也是一套全方位的教育訓練課程，且全來自於真刀真槍的實戰經驗。

訓練學員的導師，由成資國際總經理——黃禎祥老師親自披掛上陣，老師同時也是行銷之神傑・亞伯罕親口指定在台灣唯一的合作夥伴，被業界稱為「華人知識經濟教父」。

黃禎祥老師曾經用一塊錢開辦企業成功，最擅長把一塊錢變成一千塊、再變成一百萬、再變成三百萬、再變成更多更多的財富。

黃禎祥老師的實力，不但讓他以不到四十歲之齡進入退休生活，並且無論在世界的任何一個角落，他都能以相同的方法，在數年內從一無所有變成億萬富翁，而且讓參與遊戲的人都能贏——宛如魔法般神奇。

這就是本書強調的「實用性」——因為已經實際做過了、已經被證實成功有效的，才分享給你。

本書的內容是真正的實戰守則，而不是被「成功」包裝的空殼。

我們期許本書與書中提供的成功案例，能成為各位讀者的一頂「草帽」。在全世界最暢銷的漫畫——《海賊王》中，紅髮傑克把頭上的草帽交給主角魯夫保管，對魯夫來說，那頂草帽就是他的典範、他的標竿、他偉大的人生航道中的燈塔。

我們希望本書也有榮幸成為讀者們的典範、標竿、人生道路上的燈塔，就像我有上帝與黃老師當我的燈塔一樣。如果能有年輕的讀者帶著這本書來見我們，希望學習進入「偉大的航道」的方法，那麼我們的心情，恐怕就會和培育接班人的紅髮傑克一樣欣慰了吧。

最後，在翻閱本書前，我想送給各位一句常常支撐我心靈的一段文字：

「Be thankful for the hard times, for they have made you.」

這是一位我所敬愛、景仰的年輕卻非常有智慧的女孩寫下的文字，我要謝謝她。

——魔法師的學徒 紀硯峰

如何使用本書？

即便沒有受過所謂的「高等教育」，任何人都知道「時間是有限的」這個道理。

如果你有閱讀過《杜拉克談高效能的五個習慣》一書，你會學到如何藉由修練來試圖管理時間。即便如此，時間仍是有限的。它不能被創造、不能回溯、不能儲存、一去不回。和時間相比，金錢其實是非常充裕的資源。因此，如何有效運用時間，就成了成功的關鍵：你的時間必須用在擁有最高產值的東西上。

首先，因為本書收錄了許多被證明是成功、有效的方式，所以你花在本書的時間越多，你的收穫就越大。

其次，同一種物品若能同時滿足多種需求，那就是既節省時間、又高價值的產品。就如同金錢能完成多種交易而被大眾所愛、智慧型手機因為有多種功能而成為新時代寵兒般，誠摯地歡迎你使用本書蓋泡麵、墊便當，只要你想得到的「使用方法」，你都可以去使用它。你越使用它，它的價值就越高，你可以用它辦讀書會，人手一本，讓你組織倍增、財富倍增。

如同字面上的意思，多花點時間思考「如何使用本書？」。

如果你能創造出一本除了傳遞知識外、還能滿足其他需求的「書」，你是不是就替社會做出更好的貢獻，並有機會可以坐擁許多財富？

第三、這本書實際上是個半成品，而我們邀請你一起來完成它。

就如同杜拉克所言：「能解決問題的方式有千百種，而我的職責就是問對問題。」

本書會拋出大量問題，而你可以試著去回答這些問題。

這麼做的目的是為了刺激你的大腦——你最強大、最有潛能、也是最容易被忽略的資產、你生命中投資報酬率最大的工具。

你可以打造出只屬於你的、獨一無二的《當富拉克遇見海賊王》。

因為回答問題的方式有千百種，而答案只有你知道。寫下你的答案，為你自己量身訂做屬於自己的「成功筆記本」。

這個互動的過程，可以大幅鍛鍊你創新與思考的能力——而且很好玩。

你越是認真參與這場遊戲，你就越有機會成為這場遊戲中最大的贏家。

最後，正如同杜拉克所言：「管理的目的是為了實踐，檢視實踐唯一的標準是成果。」如果你不能彰顯所學的知識、把知識轉化成另一種實質的貢獻，那學習再多的知識也是白費。

這本書將提供你知識和經驗，但你充其量只是「知道」；雖然有許多互動的設計來協助你「悟到」，但能不能長時間去實踐所學在於你、能不能運用在生活上在於你、決定花多久時間去修練也在於你、能不能「做到」與「得到」也在於你。

所以能否成功、能否替自己創造富裕、豐饒、幸福美滿的生活，全在於你。

不要再怨天尤人了！

不要再找理由搪塞了！

該是成為自己人生的執行長的時候了！

Fighting！Fighting！Fighting！

5 Chapter 創造優勢領域

6 Chapter 投資自己

7 Chapter 成功的五把鑰匙

8 Chapter 把夢做大

9 Chapter 銷售是致富的最有效方法

10 Chapter 是什麼阻止了你成功？

Chapter 1

你是誰？

The best way to predict the future is to create it！

我是蒙其・D・魯夫！是將來要成為海賊王的男人！

～蒙其・D・魯夫

在台灣有看過《ONE PIECE》（中文譯名：海賊王）的人，或許會問：杜拉克是誰？富勒是誰？

研究杜拉克的商界人士，也可能沒有接觸過動漫的經驗，或許也會問：什麼是海賊王？誰是魯夫？誰是「紅髮」傑克？

這些問題或許很重要，我們可以花一點篇幅向你解釋與說明，但是寫出這些上網查詢就能得知的解答，其實是毫無意義的。

我們要幫助你開發你的潛能，而你的潛能全部沉睡在你的大腦裡。很多時候遇到問題，也許你已經習慣未經思考、未經努力，就直接向他人尋求解答。

所以，要不要試著和維基百科、Google、Yahoo等搜尋引擎，開始建立一點友誼呢？

你正在上網搜尋資料了嗎？

你對海賊王或杜拉克有初步的了解了嗎？

正如杜拉克所言：「身為顧問，我最大的貢獻是無知地提了幾個問題。」

現在，我們或許要無知地提一些問題：

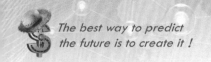

To Think, To Write

請問杜拉克是誰？富勒是誰？

請問富勒與杜拉克對社會有什麼貢獻？

請問海賊王是什麼？

請問《ONE PIECE》的主角是誰？

請問《ONE PIECE》的主角為什麼要成為海賊王？

網路的便利性讓你可以很快地回答一些問題，你不用花多少時間就能得知初步的解答——而且答案都大同小異，因為它是客觀的資料。

以上的問題有如以前學校的填空題。台灣學校總是要求學生花大筆時間去死背這些「資料庫」的東西，浪費時間，沒有效率，沒有智慧，不知目的。

學校這種填鴨式教育，很可能讓你的腦細胞死了絕大多數。

你的腦袋停止開發好一段時間了。或許直到出了社會，你還是在用過往的方式學習思考。

「嘗試自行尋找答案」是鍛鍊大腦的方式之一，無論是自己思考，還是想辦法搜集情報，都無妨。

有了答案後，用語言或文字組合成讓他人也能理解的情報，可以訓練你大腦的整合能力。

在分享——無論是用語言來組織、或是用文字來組織——的過程中，你的大腦會再度運轉，你可以更深入地了解你將要表達的情報，讓大腦累積「思考的經驗值」。

我們現在要試著開發你的大腦，這和「祕密」有關。

我們會試著讓你開始使用「吸引力法則」，但你的「吸引力」有多強，則取決於你有多勤於活用你的大腦。

在開始之前，你可能有了新的疑問，比如：我們是誰？

「喂？我是魯夫！是將來要成為海賊王的男人！」魯夫迅速接起可疑的電話蟲——毫不猶豫地說。

「你接得太快，而且也說出太多底細了吧？」騙人布在後面敲他的頭吐槽。

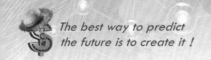

我們很樂意告訴你我們是誰，但更重要的問題，應該是：你是

誰？

To Think, To Write

你真的清楚自己是誰嗎？

你知道你誕生於這個世界的使命、任務是什麼嗎？

你真正的興趣是什麼？你熱愛什麼活動？

你的天賦專長是什麼？你的優勢領域是什麼？

你這輩子最大的願望是什麼？

你覺得幸福是什麼？

To Think, To Write

你未來想要過什麼樣的生活？

你賺大錢的目的是什麼？

這些問題，可以說是這本書最重要、最關鍵的問題。

而這也不是短短幾分鐘就能回答的問題——若你從未思考過這些問題的話。

但是，如果你經常思考這些問題，而且已經有了明確的答案，你或許在半小時內就能回答這些問題，並填寫完成。

但如果你平常沒有意識到、平常沒有真誠地面對自己內心的聲音，你可能要花上數十年也不為過。

現在你可以開始試著去思考這些問題。

在你獨處的時候，排除所有雜念，排除所有妨礙你思考的他人的聲音，專注地傾聽你內心真實的感受。

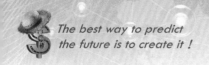

你必須排除所有外在的限制：學歷、科系、經濟壓力、性別、年齡、恐懼、慾望、任務、責任感、愛情、友誼、親情、職業、身

分地位……這些所有的東西，你在思考時都要排除在外，讓你的心像一面平靜的湖，誠實、真誠地面對你自己。

★ 試著平靜你的內心……
★ 試著摒除所有雜念……
★ 試著拋開所有情緒……
★ 真誠、真實的，去傾聽你內心的聲音……

好了嗎？

你或許不會很順利——如果這是你第一次思考這些問題——就算看完本書，你可能連一題都答不出來。因為你的大腦可能從未和這些問題建立過任何橋樑。而我們希望你去習慣和你的大腦溝通。

從今天起，我們建議你每天去思考這些問題，你甚至可以和朋友討論本書，試圖更了解彼此。

每天花上十分鐘、半小時、一小時，在你安靜、放鬆、沒有雜務干擾你的時候，練習去探索你自己。

現在、立刻、馬上行動！

剛開始，你可能會有個模糊的影像。隨著你越深入思考、探索、了解你自己，你就越清楚這些問題的解答。

你可以試著用簡單的話語來協助你確立自己的定位。

關鍵在於每天重複。高能量、高頻率、高信心地重複。

你甚至可以每次接電話時都彰顯自己一次，比如：

「喂？我是魯夫！是將來要成為海賊王的男人！」

「喂？我是蝙蝠俠！是讓你感到恐懼的男人！」

「喂？我是鋼鐵人！也是天才、發明家、企業家、慈善家和花花公子！」

「喂？我是 ____________！是 ____________________！」

「喂？我是 ____________！是 ____________________！」

「喂？我是 ____________！是 ____________________！」

你可以自己填寫空格中的話語，隨便你怎麼填。你可以寫得很好笑、很宏大、或是很有創意。

這很好玩！而好玩的事才能持久！

我們安排三個空格給你，你可以發揮創意，而且隨意更換。我們希望你把它們填滿，因為這和之後的內容有關。

在你填完後，你可以不只在電話裡這麼做。你每天早上睡醒，都可以對鏡子中的自己這麼說：

「我是 ____________！是 ____________________！」

世界第一的房地產銷售大師湯姆・霍普金斯、世界第一的汽車銷售大師喬・吉拉德，都是這麼做的。

湯姆・霍姆金斯平均每天賣出一棟房子，二十七歲時成為千萬美金富翁；而喬・吉拉德平均每天賣出六輛汽車，最高紀錄是十八輛。兩人都是金氏世界紀錄保持者，酷吧？

如果你想要和他們一樣酷，你至少要做到這種程度：每天早上睡醒，就對著鏡子中的自己這麼說：

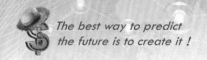

「我是 ______！是 ____________！」

我們很樂意提供更多的範例讓你參考。舉例來說：

- 我們是成資國際。yesooyes、yesteam。
- 我們認同尤努斯的「窮人銀行」理念，期望幫助更多需要幫助的人。
- 我們的使命是提升華人知識經濟水平，讓更多的人腦袋健康、身體健康、口袋健康。
- 我們的願景是成立一間學校，從學生的孩童時代到成年，都用富拉克的培育方式與訓練，然後從中選出對的人，協助他成為對社會有偉大貢獻的人，順便變成億萬富翁。
- 我們在屏東的高樹鄉協助設立善導書院，並不定時資助該書院創辦人認養了高樹鄉五十多名弱勢兒童；我們在高雄榮美教會也參與、培育了三百多名無所適從的年輕人。
- 我們歡迎聚焦於貢獻的社會型企業與我們合作。
- 我們的營收項目中，教育訓練、對外授課只是其中的一小部分。但只要你是Integrity的人，我們也樂於提供完整（而且嚴苛）的教育訓練，告訴你如何只用一塊錢創業的祕密。
- 我們很好玩、很酷、又很有實用價值，請給我們一個讚。
- 我們將在以下的部落格分享更多富拉克知識：http://waynejiyesooyes.blogspot.tw/

就如同功夫皇帝李連杰所說：「人無信念，難成大事。」你若想成就一番偉大的事業，也必須要有信念、有使命、有原則，讓你的生命發光發熱。

在我們承接的企管顧問案件中，首重客戶的願景、使命、核心價值。

許多人成立企業，卻不知道成立企業的「目的」為何？企業的「信念」為何？

許多人立志賺大錢、立大功、衣錦還鄉，卻不知道其中的「信念」為何？為什麼要賺大錢？

所以你最重要的事，就是要知道：

★ 你是什麼？

★ 你現在是什麼？

★ 你將來是什麼？

★ 為什麼？

很多人終其一輩子，都搞不清楚自己要的人生目標、方向、夢想、渴望到底是什麼？

他們或許只是為了生計，所以沒日沒夜努力工作，甚至沒思考過自己適不適合、喜不喜歡這份工作。更多的人是為了旁人給的建議而工作。

父母說「當醫生好」就往這個行業去、長輩說「金融業有前途」就朝這方向走，同學都去「找工作」就跟著做……。他們沒有思考、沒有判斷自己要的到底是什麼？

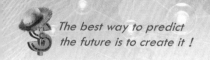

如果你想變得富裕，就必須先了解自己的內心最深層的渴望。只有當你內心真的渴望賺錢、過更好的生活，你才能邁開致富的第一步。

感謝耐心翻閱到此處的你！
當你認真去探索自己、更了解自己、
真誠地面對自己內心真實的感受，
你將感覺到脫胎換骨！
祝福你擁有豐盛、富饒、恩典滿滿的生命！
Fighting！Fighting！Fighting！

Chapter 2

Integrity

The best way to predict the future is to create it!

什麼是integrity呢？這是宇宙中極為重要的法則，當我遵守這個法則，我的事業就一帆風順。但當我違反這個法則，家庭、事業、感情……通通就產生問題和挑戰。

華人知識經濟教父——黃禎祥

為什麼我們前面會寫「只要你是Integrity的人，我們也樂於提供完整（而且嚴苛）的教育訓練，告訴你如何只用一塊錢創業的祕密。」？

因為Integrity實在太重要了。

Integrity的同義字是：正直、真誠、誠信、廉正、氣節、真實的感受、誠實面對自己、內外一致。

杜拉克就像一本「武林祕笈」，全世界了解杜拉克才華的人，都把他當成學習與請益的標竿。越是成就非凡的人，對杜拉克越是肅然起敬。

比爾・蓋茲說：「杜拉克是我心目中的英雄」。

王品集團董事長戴勝益用「空前絕後」來形容杜拉克。

日本首富、Uniqlo董事長柳井正，送給他的員工每人一本《杜拉克精選：個人篇》。

無數的企業家、政要官員、軍隊高層、學者等，在杜拉克在世時，爭先恐後地想要向這位大師中的大師請教。

當杜拉克認為對方是Integrity的人時，他會非常熱情、誠懇、真摯地招待來客，並盡可能回答來客的所有問題、滿足他的需求。

然而若杜拉克判斷對方不是Integrity的人、對社會沒什麼貢獻時，他可能會說「My time is sold out.」。

無論來客的身分多麼尊貴，只要不是Integrity的人，即便是美國總統派專人搭飛機到他家門口拜訪，杜拉克都會說：「我只是個平凡的老頭子，請回吧。」

當小布希要頒發美國自由勳章給杜拉克時，杜爺爺可是百般不願意呢！

而海賊王的副船長雷利，之所以會收魯夫為徒，願意花兩年時間教他「霸氣」，也是因為他認為魯夫是Integrity的人。

品格是「富拉克」學派最初、也是最終的檢驗標準。

品格不及格的人、不Integrity的人，又坐擁最強的資源，即使他將來必定殞落，過程中仍會造成許多災難。

就好像岳不群學了辟邪劍法、艾涅爾擁有轟雷果實、佛地魔拿到死神魔杖一樣糟糕。

毒奶粉、塑化劑、淫照風波、甚至酒駕、飆車族、黑畫面、黑心油品，都是血淋淋的實證——不Integrity的人，做任何事都是災難，而且災難的規模和他的能力與影響力成正比。

正因為Integrity如此重要，所以現在，我們Integrity地告訴你：

★我們的企業有自己的營收項目，我們不像一些被包裝過的講師，需要用學員的學費來維持營收。

★我們的教育訓練系統是全亞洲最頂尖的。就好像《ONE PIECE》（海賊王）的轟雷果實、金庸小說的九陽神功或獨孤九劍，你只要好好修練就能天下無敵。而本書僅僅只是前菜。

★所以我們必須非常慎選被傳授的對象。

★而且我們會汰除一時誤選的對象。

★如果你違反Integrity，就算你擁有全世界最頂尖的賺錢能力，最後你必然會失敗，誰也救不了你。

★如果你是Integrity的人，就算你一無所有，我們也很樂意向你提供服務。

★如果你是Integrity的人，就算你一無所有，全世界都會為你歡呼。

我們無法教會你Integrity，這種宇宙法則必須靠你自己修練，而且是一輩子的功夫。

但我們可以分享許多成功人士對Integrity的看法和心得——

領導者的品格——組織的精神是由高層領導人所塑造的。

管理階層的誠實真摯（Integrity）和孜孜矻矻是品格中不能打折的要求。

最重要的是，這點必須反映在管理階層的用人決策上。因為這是他們賴以領導統馭、樹立典範的特質。

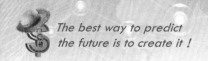

品行是裝不出來的，共事者（特別是屬下）只要幾個禮拜

的時間就可以得知，與他們共事的人品格如何。

他們或許可以原諒許多事情，比如無能、粗心、善變或是態度惡劣，可是他們無法寬貸沒有品格的人，以及當初選用這種人的管理階層。

這點對企業領導人特別重要。因為組織的精神是由高階領導人所塑造的。

優良的企業精神來自優良的高層領導，如果企業精神腐化，也是因為高層領導的腐敗所致。

諺語說得好：「上樑不正下樑歪。」資深主管的品行必須足以為部屬效尤的典範，如果公司對某人的品格有所疑慮，就不應任命其擔任高階主管。

～管理學之父彼得‧杜拉克

＊＊＊

企業巨擘成功的關鍵之一，就是Integrity

～微軟創辦人比爾‧蓋茲

＊＊＊

在你雇用人之前，你需要確認他的三項素質：正直誠實（Integrity），聰明能幹，精力充沛。但是最重要的是正直誠實（Integrity），因為如果他不正直誠實而又具備了聰明能幹和精力充沛，你的好日子也就到頭了。

～慈善家華倫‧巴菲特

＊＊＊

企業的規模，取決於老闆的氣度。

企業的長久，取決於老闆的品德。

～王品集團董事長戴勝益

＊＊＊

邵明陸先生與杜拉克家族是非常好的朋友，直到杜拉克去世之後，邵先生仍與杜拉克家族有密切的往來。

有一年聖誕節的前夕，杜拉克夫人桃莉絲・杜拉克，帶著女兒去拜訪邵先生。由於桃莉絲與杜拉克先生一樣，是個非常謙遜、有禮且替人著想的長輩，因此桃莉絲堅持要親自做一個家族口味的水果派，送給邵先生當禮物。

當大家享受完美味的點心，杜拉克家族準備要離開，邵先生送她們到門口，當時正值聖誕節，天氣非常冷，但由於邵先生在屋內，因此穿的是短袖，而杜拉克家族因為準備離去，所以穿的是大衣，一行人站在門口聊了許久。（請試著幻想一下美國電影中，屋外大雪紛飛，屋內暖爐烘烘的景象。）

約莫過了二十分鐘，杜拉克的女兒與邵先生持續進行對話，此時，桃莉絲對她的女兒說：「哎呀！妳跟人家站在門口聊這麼久，妳也想一想妳穿的是大衣，邵先生穿的是短袖，妳爸爸如果還在，一定不會讓妳這麼做的。」

當我一聽到這個故事的時候，給我了很大、很深的感觸。彼得・杜拉克從其祖父那一輩到他的孫子，都是在當時具備一定生活水平與影響力的人。

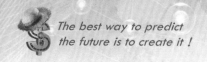

杜拉克的奶奶是個樂手，替慈善團體表演過，爺爺是當時奧地利一家銀行的創辦人，父親是奧地利政府經濟部門的高級官員，母親則是醫生，杜拉克的孩子在各方面也各有其

成就，有一個孫子在十四歲的年齡，就被挖角到蘋果當顧問……。種種的成就，顯示這樣的一個家族，一定有其獨特的教養方式。

在杜拉克的自傳型小說《旁觀者》一書中，杜拉克提到一個故事：「二次大戰之際，因戰亂與通貨膨脹的緣故，老奶奶即使有許多財富，卻貶值許多，因此改住在類似當今四十幾年的老公寓裡。在其公寓街角，有一個拉客的妓女。

有一天，老奶奶發現那名妓女喉嚨沙啞，於是拖著年邁的身子，爬上階梯，回到公寓裡找咳嗽藥，再辛苦地一步步爬下樓把藥交給那名妓女。

老奶奶的姪女覺得奶奶是銀行創辦人的夫人，是知書達禮的女性，是個有教養的女性，與像妓女這樣的女人談話有失老奶奶的身分。

但老奶奶說：「對人禮貌有什麼好失身分的呢？我又不是男人，她跟我一個笨老太婆能有什麼搞頭？雖然我無能為力，可是至少我可以使她快點好起來，不讓那些男孩被她傳染得了重感冒。」

從彼得・杜拉克的自傳裡，可以看出老奶奶對彼得・杜拉克的影響很大，此外，甚至彼得・杜拉克在之後提出的許多觀念裡，也有老奶奶的影子。

彼得・杜拉克的關心他人、為社會、為最大多數人的利益著想，不就正像老奶奶嗎？即使在當時與妓女說話可能有失身分，但老奶奶卻是替「最大多數人」謀福利，不是嗎？

杜拉克的觀點，就像老奶奶的智慧一樣，如此的樸實而平易近人，他們並不以「我」為中心，而是用心地體會周遭的環境與需要關心的人。

但他們不是盲目的犧牲奉獻，她們有一定的原則，就像有達官貴人要求見彼得・杜拉克時，如果彼得・杜拉克覺得見這個人對社會沒有貢獻，他可能會說：「My time is sold out.」

我想正是這樣的根基，支持著杜拉克家族，讓他們能用謙遜的態度，面對世界的變化，並且在其領域仍保持著卓越的績效。

從杜拉克的家族身上，我思考著我們的教育與杜拉克式的教育有什麼不同？我們是教導他們認真念書、上好大學、考好研究所、找份好工作，然後呢？

我們思考過背後真正的目的嗎？豈不是因為這樣「你」可以有份好收入、好的社會地位？

我們曾教過自己的孩子念好書以後可以幫助多少人？能夠造福多少社會大眾嗎？

很多時候，我們當父母的替孩子想得太多，可是教他們替別人想得太少，因為可能連我們自己都不是這種人。

但，我在杜拉克家族的身上，看到樸實而真摯的一面，或許那是真正出自於內心裡滿滿的愛，那種愛，不是單單愛自己，而是替對方著想的愛。

我想社會裡需要更多這樣的愛，我期許自己，朝著這樣的目標邁進，把杜拉克的智慧帶給更多人。

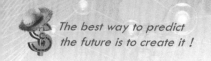

杜爺爺啟發我：

1. 從老奶奶的身上，給你什麼樣的啟示與啟發？
2. 從桃莉絲的身上，你看到什麼樣的精神？
3. 在生活裡你自己有什麼樣的脾氣、個性可以修正，讓你成為一個真正替對方想更多的人？

～華人知識經濟教父——黃禎祥

＊＊＊

櫃買中心舉辦2010年資本市場論壇，副總統蕭萬長（中）、鴻海董事長郭台銘（左五）應邀參加。

鴻海董事長郭台銘今（29）日應邀參加櫃買中心舉辦的2010資本市場論壇，主題是談落實企業社會責任與誠信經營，郭台銘談到最後還是把「競爭對手」再狠批一頓，他強調，「我經營權不傳給家人」，「企業永續經營是傳賢不傳子」，「我的競爭對手雖然很有名、經營很優秀，但企業主被判過刑、企業要傳給兒子，再偉大也不會有百年基業」。

郭台銘說，以往都不在上班時間參加座談或演講，這一次是衝著三個理由來的，第一是還債，因為高希均教授辦的座談每次都在上班時間，爽約很多次，所以這次來還債；第二是還人情，因為20多年前鴻海掛牌時，陳樹是證管會二組組長，當時很多承銷商都說要有表示，結果，他準備了罐頭禮盒去送禮，但是陳樹不但沒收，「還教我誠信的道理，我欠他一個人情，所以20年後我來還他這個人情」。

郭台銘表示，「感謝當初教我誠信的人」，至於第三個理由則是這個題目很有意義，他說，資本市場有三個分野，第一有賭博特性、第二有投機特性、第三是投資根本，「我認為投資市場，股東都應是長期投資」。

郭台銘指出，企業決策者的六個任務包括經營模式、技術、人才、產品、客戶、及策略股東，所以，他強調，「鴻海從不送禮品給股東，很多人來股東會鬧場都被我趕走，我不要投機者，我要真正的投資者」。

郭台銘表示，今天談企業社會責任有幾點，主要是講企業主的責任就是誠信、不能做假帳、不能用資訊去炒股，「我們公司作帳都是依據保守會計原則，會計都是每個事業群自己做帳的，我沒法子改的」。

郭台銘強調，「鴻海不賺輕鬆的錢，單一企業占中國大陸進出口比重達5.25%，我在大陸投資20年，幾百億美元的投資，到現在沒有買房子」，他說，「企業家經營權不傳給家人，最近也在研究歐美的永續經營，都是傳賢不傳子」。

話鋒一轉，郭台銘指出，「我非常支持維持公平交易法，但這是鴻海併購前的事，競爭對手雖然很有名、經營很優秀，但是企業主被判過刑，也傳給兒子，再偉大也不會有百年基業」。

記者楊伶雯／台北報導

＊＊＊

宇宙的法則是既定的，它不會因你而改變。

萬有引力是法則之一，所以微觀來看，人會踩在地上、物體會從高處掉落；宏觀來看，月球和人造衛星也因為萬有引力而在地球旁邊旋轉。

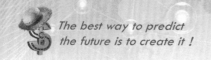

人們可以藉著智慧和科技發明火箭，離開地心引力的範圍，但萬有引力依舊存在。

Integrity也是宇宙的法則之一，遵守它、讓它引導，你的家庭、事業、愛情會一帆風順；忤逆它，你就會悽慘無比，而且沒有人會同情你。

在你邁向成功與幸福的道路上，沒有什麼比Integrity更重要、而且強而有力。

Integrity的教練會接受Integrity的徒弟、Integrity的人之間會互相吸引，形成更強大的正面能量族群，並共同完成一項又一項偉大的事業。

Integrity的人，即使沒有偉大的成就，大家也會欣賞他；擁有成就卻又不Integrity的人，終究會被反噬，而且始終懼怕Integrity的人發現他不Integrity。

在禎祥老師的「富拉克」課程中，有一堂「Integrity」，講述富爸爸集團董事長——布萊爾．辛格和《富爸爸，窮爸爸》系列作者羅伯特．清崎事業剛起步時的事蹟——

Integrity真正要告訴你的，是「你能不能表達你內心真實的感受？」……

當時布萊爾．辛格和羅伯特．清崎上台教導學員的課程，是他們一起去跟富勒博士學的一門課程……

可是那時他們兩個的狀況都很慘，並不是一帆風順……

所以他們就用教材一直教……

當時，布萊爾．辛格就談了很多教導的東西。但是談完以後，台下有坐了一位美金億萬富翁、一個很有錢的女士。她因為會做生意才很有錢，可是她的生意還是會遇到瓶頸卡住……

布萊爾・辛格教授的那些東西好像在背書一樣，她就直接舉手反應：「老師，你說要Integrity，我現在就Integrity地告訴你：我聽你的東西我看書就可以，我幹嘛要聽你講？我花那麼多錢來上課，不是來聽你背書的。」

很挑戰吧？當時布萊爾・辛格當場嚇住了。他不敢在台前哭，他跑到後台和羅伯特・清崎兩個人一邊研究一邊哭。

為什麼？因為他剛開始以為台下都是一些業務員，怎麼有個美金億萬富翁在裡面？

他趕快打電話給他的教練求救。他的教練告訴他：「你忘了嗎？富勒博士是怎麼教我們的？你既然沒有成功的經驗，你要不要分享你失敗的經驗？」

他的教練就算要搭飛機來救，也來不及救了，所以教練說：「現在，就是你去學做什麼叫Integrity的時候了。」

他說：「Integrity就是告訴你現在真實的感覺、你現在真實的感受。也許你去跟他們談你真正失敗的故事，跟你現在失敗的時候，依然正面迎接挑戰的過程，更能打動人心。」

布萊爾・辛格聽完後就說「好」，硬著頭皮就上了。他上台第一件事就是跟同學鞠躬說對不起，他說明其實自己現在的狀況是怎樣怎樣、為什麼今天可以到這裡、為什麼要站在這裡等等……

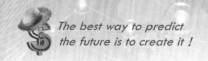

他在一個鐘頭裡，非常詳實地陳述了他當時的心情、他創

業失敗時內心真實的感覺。當他講完後，全場報以熱情的掌聲。

然後那個美金億萬富翁的女士就舉手講：「你現在講的東西，才是我真正要學的。我聽過太多老師的課程，你是我有史以來聽過最棒的。」

因為那是他內在最真實的東西。這些老闆們要聽的是這些，這些老闆們看到居然有人可以站在台上去打開他內心的世界、去跟他的學員互動、去分享他所做過的一切。

所以我告訴你們：十五年前我剛回亞洲，我不太敢讓人家知道，尤其是我在新加坡的學生，沒有幾個人知道我在三十五歲那年是破產的。是布萊爾・辛格提醒了我。

他說：「也許你失敗的經驗，是很多人想要知道的。而不是那個單純的成功經驗」。

我們成功的經驗比起王永慶、比起郭台銘、比起李嘉誠，其實是微不足道的。可是我們失敗的經驗，卻是很多人很渴望知道的。為什麼？因為他現在很可能在人生的低潮、對未來茫然不知。

他想要知道：你在低潮的時候，你心裡在想什麼？你為什麼現在還能在台上，正面去面對這些？你到底內心的世界是什麼？他們想要知道這個。

但是呢，請你把你的負面情緒、負面能量放少一點。為什麼？因為人家不喜歡聽你裝可憐。不要搞了半天好像自己是受害者。

人家喜歡聽「你碰到低潮時，你內心在想什麼？」這對他才有價值。

所以我會告訴別人：我在三十五歲破產時，我在家裡寫打油詩。我寫：一貧如洗，兩袖清風，三餐不繼，四肢無力……

可是三年以後，我從人生的低潮，在新加坡建立萬人團隊後退休。所以人們喜歡聽什麼？

「哇！曾經歷過那麼絕望的低潮，三年後可以做到退休！他到底做對了什麼事情？」人喜歡聽這個。這裡有潛藏著未來的無限價值。

成功有兩種方法，一種是用自己的方法，一種是用已經被證明成功、有效的方法。我們相信很多人會選擇後者，於是很多人會去尋找教練。

然而，教練是有分等級的，教練的等級會決定選手的等級。所以許多人會去尋找「看起來」等級很高的教練。

現在，我們相信你已經能擦亮雙眼，用Integrity去判斷台上的講師，究竟是真正的、Integrity的成功者？還是毫無實務經驗、被華麗包裝過、牛皮吹得嚇嚇叫的「演講者」？「超級演說家」？

如果你發現有人毫無實戰經驗卻在台上侃侃而談，你可以像那個美金億萬富翁一樣，舉起手來Integrity一下，嚇嚇他，那會很好玩。

但記得，你舉手的目的是另一種學習、另一種回饋、帶著感恩的心，沒有輕忽、輕視地表達自己當時的感受。

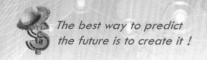

最後，我們建議你時時保持Integrity，尤其是對自己Integrity。這是一生的功課。

・你想要成功嗎？

・你對自己的現況滿意嗎？

・你相信自己可以改變世界嗎？

現在，該是Integrity的時候了！

感謝耐心翻閱到此處的你！

在你和自己互動時，別忘了Integrity！

當你和別人互動時，Integrity！

當你成功時，別忘了Integrity！

當你失敗時，別忘了Integrity！

時常保持Integrity！

你將會聚集到你所難以想像的豐厚資源！

祝福你擁有豐盛、富饒、恩典滿滿的生命！

Fighting！Fighting！Fighting！

Chapter 3

貢獻與服務

The best way to predict the future is to create it !

聰明才智越大者，當服千萬人之務，造千萬人之福；聰明才智略小者，當服百十人之務，造百十人之福；至於全無能力者，當服一人之務，造一人之福。

～國父 孫中山

商人為錢工作；富人不為錢工作。

商人聚焦於自身的利益；富人聚焦於對社會的貢獻。

商人因有錢而希望他人來服務自身；富人因服務他人而不小心有錢。

商人為了維護名聲或潛在利益而進行慈善；富人進行慈善是因為想要對社會有所貢獻。

貢獻與服務，是富人之所以富有的最主要原因。

你的財富和你所服務的人成正比。

你服務的人越多、造福的人越多，你的「聰明才智」越大——正如國父所說的。

陳士駿創立YouTube，他服務的人數，讓YouTube以16.5億美元的金額被Google收購。

馬克・祖克柏的公司淨資產135億美元，因為Facebook服務的人數以億為單位，而馬克年僅28歲。

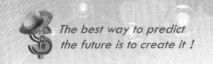

比爾・蓋茲服務了全世界已開發國家和開發中國家的民眾，所

以他年年稱霸世界首富。現在他矢志服務未開發國家的民眾——根絕小兒痲痺。

國父孫中山服務了千萬中國百姓，因此留名青史。

彼得・杜拉克改變了世界，世界上很多企業家都是他的徒子徒孫，他的家族，富連五代。

富人不會為錢工作，他們通常在做一般人認為很奇怪的事——因為有錢人想的跟你不一樣，然後「不小心」變得很有錢。

讀到此處，你可以試著寫下你所認識的「有錢人」，看看他們到底是商人？還是富人？

To Think, To Write

商人：

富人：

商人和富人對「富裕」的定義完全不同。

富人對富裕的定義是「充足、大量、綽綽有餘、服務、貢獻、平衡式的成功」。

富人樂於提供他的閒置資產，這些閒置資產通常是愛、笑容、擁抱、關懷、服務、貢獻、親切、良好的人際關係、知識、經驗——用Integrity的方式來給予。

商人在與他人合作時，會優先想到自己的利益。他們會想：

★ 你對我有什麼好處？

★ 我能從你那裡撈到什麼好處？

★ 我要如何保證我的好處不會損失？

★ 你要付出多少、才有資格從我這裡撈到好處？

★ 你接近我，有什麼企圖？

富人在與他人合作時，考慮的事情非常多。他們會想：

★ 我的服務可以對你有什麼好處？

★ 我有什麼資源是可以幫助你的？

★ 你要如何保證你不會用我的資源去為非作歹？

★ 你接近我，有什麼關鍵需求？

★ 如何讓每個人都贏？

富人不一定很有錢。

帳戶裡的金額高，月收入高，並不代表你就是富人。

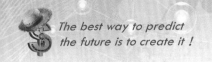

住豪宅、開跑車、穿名牌、一擲千金，揮金如土，也不能證明

你是富人——不過通常可以暗示你有炫富的因子。

頂尖的富人有個小祕密：就是穿著休閒、得體，可以騎腳踏車逛街，可以開賓士，可以開福特。

「穿得隨便又居家」的目的：舒適、Integrity、內外一致。

「騎腳踏車壓馬路」的目的：運動以保持身體健康，順便看看房子，因為騎腳踏車可以看得比較仔細。

沃爾瑪百貨的創辦人——山姆・威頓開的車是福特汽車；被譽為「股神」的華倫・巴菲特開的也是高齡美國車。那你開什麼車呢？為什麼？

你想當商人還是富人？請你試著寫下你想成為什麼樣的人：

To Think, To Write

3-1 窮人、商人、富人與明智的億萬富翁

很多人認為有錢人應該多貢獻一點金錢，少買一點豪宅、多付一點薪資，其實根本搞不清楚狀況。

你是窮人、有錢人、商人、富人、明智的億萬富翁，取決於你的思維和思考模式，而不是你的帳戶、身分或資產——許多人甚至連資產和負債都搞不清楚。

★窮人期待他人去奮戰，自己坐享其成。最好能一夕致富。

★窮人覺得有錢人應該多繳一點稅，這樣才公平。

★窮人羨慕他人有錢，卻不會想自己為什麼沒錢。

★窮人覺得別人會有錢，不是因為他是富二代，就是覺得他運氣好、狗運亨通，反正自己創業永遠不會成功。

★窮人不會欣賞有錢人，窮人分不清有錢人、商人和富人之間有什麼差別，反正他們都過得很爽，都不討人喜歡。

★窮人忽然擁有大量金錢——比如中樂透——會拿去大量消費，購買許多自以為是資產的負債，然後過得比之前更慘——這就是為什麼樂透得主有75%很快會破產的原因。

★窮人自命清高，不願對自己Integrity。

★商人為自己的利益奮戰，他們知道努力才有收穫。

★商人希望自己的一分努力，可以換來萬分收穫。

★商人賺了錢，會拿去變成更大的錢。

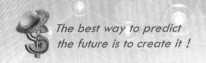

★商人總是擔心錢會變少，所以非常有錢的商人，會想辦法放在會賺錢的物件上——這就是國際熱錢。

★商人只在乎自己的錢能不能變大，他們不會在乎這些賺錢的系統會不會傷害到他人，更別提到對社會的貢獻——金融海嘯就是這麼來的。

★商人不願對他人Integrity。

★富人樂於奉獻，樂於付出，保持Integrity。

★富人不一定知道怎麼賺錢。Integrity的人，通常都具備富人的特質。

★Integrity的人了解到財富的密碼，會變成有錢、富裕、樂於幫助他人、對社會有偉大貢獻的全新人種——明智的億萬富翁。

★明智的億萬富翁會想：怎樣建立一個系統、一個遊戲，讓所有參加遊戲的人都能贏？怎樣讓你贏比較多？

★明智的億萬富翁把焦點放在對社會的貢獻、對社會大眾的服務，順便賺點錢。

★對明智的億萬富翁來說，賺錢和呼吸一樣簡單。因為他們習慣去思考「如何讓大家都贏」、習慣去思考「如何幫助別人」，致富只是一個理所當然的過程，不知不覺口袋就健康起來了。

★明智的億萬富翁享受生命、充滿熱情、注重身體健康，充滿愛、笑容、擁抱、關懷、服務、貢獻、親切、良好的人際關係、知識和實務經驗。

★明智的億萬富翁知道生命與成敗是起起伏伏、有起有落的，並坦然接受這種波形的狀態——就像大自然一樣。

★明智的億萬富翁，永保Integrity。所以那些不怎麼Integrity的商人，對明智的億萬富翁又愛又恨。

你覺得你現在的思維是窮人？還是商人？還是富人？你滿意你的位置嗎？你要如何改進？

To Think, To Write

你要成為明智的億萬富翁，第一個條件、也是最不可或缺的條件是Integrity。Integrity衍生出對貢獻與服務的態度，這種生命中最根本、最純淨、最真誠良善的東西，才是你成功、致富、快樂、幸福、自由、健康的關鍵。

其次，你若要在一個領域裡成功，你要跟該領域的「典範」學習，而不是該領域的有錢人。「典範」意味著他Integrity、熱愛貢獻與服務、實力和經驗都是最頂尖的。

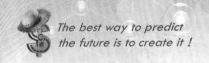

實力強悍、卻在收取學費後就不管學員死活的人，沒有Integrity，也沒有貢獻與服務的精神——他們沒有讓大家都贏——尤其讓客戶贏。許多成功學的「老師」的現金流來自學生的學費，而不是自己的事業與資產，這就是成功學難登大雅之堂的原因之一，而「成功學之父」拿破崙・希爾自己終其一生窮困潦倒。

像這種注重自己利益的人，杜拉克爺爺是不會接見的。

前幾個月我（筆者Aaron Huang）去香港與北京參加一個關於彼得・杜拉克的會議。在這次的旅途中，有幸碰到了彼得・杜拉克唯一授權中國區域的授權人——邵明陸先生。

初次見面時，邵先生給我的感覺是一個十分謙遜、integrity的企業家，沒有富豪的架子，有的是對這個社會無盡的關心。

我是透過邵先生才更了解彼得・杜拉克，同時也在邵先生的身上，應證了我從彼得・杜拉克書籍裡學習到的資訊。

我從過去接觸世界大師的經驗知道：彼得・杜拉克的智慧是知識工作者的殿堂，落實在生活中每處平凡的角落。

這段旅程讓我又更認識了彼得・杜拉克與邵先生，他們總是不斷地問自己：我可以提供什麼樣的幫助給對方？我這麼做對你有什麼好處？

舉個例子，當時我原本想邀請邵先生來台灣，並且請媒體來採訪他，當然我的目的是希望可以做些宣傳，讓更多人認識彼得・杜拉克的智慧。

但邵先生卻一語驚醒夢中人，他說：「當然，我很樂意做這件事，可是，這麼做，對我的知名度有幫助，可是對你呢？對於要在台灣經營彼得‧杜拉克協會的你，又有什麼加分效果？」

一時之間，我竟然語塞。對呀！我怎麼沒思考過這個問題？我只想做一場行銷活動，打開知名度，可是我卻忘記背後真正的目的，是為了要讓更多人接觸到彼得‧杜拉克。可是負責台灣區域的人是我，並不是邵先生呀！

邵先生的一席話，也讓我透徹地悟到：彼得‧杜拉克的核心思想，就是在「創造客戶」！邵先生把我當成客戶，以對我最有幫助的方式為考量，不眷戀任何物質上的名利。

邵先生也曾提過一個故事（摘自課程brochure）：「我在1999年帶著一份辦學計畫去找彼得‧杜拉克。我的夢想是辦一所在職管理者與創業者的管理學院，現在回頭看，當時我的想法一點都不成熟，但當時的彼得‧杜拉克卻被打動了，他說：『如果我年輕十歲，我會與你一起到中國去辦這學校，可是我的年齡不允許我這麼做了，但我願意當你的免費顧問，在我有生之年，只要你有需要都可以來找我。』」

剛開始我看到這個故事時，我以為彼得‧杜拉克就是一個願意辦學，希望影響更多人的人，但我發現，越與邵先生接觸，就越明白彼得‧杜拉克為何把這整個中國市場，以一塊美金授權給他。我從邵先生的身上，充分看到這種創造客戶的精神。

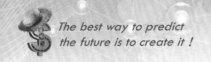

更重要的是，彼得‧杜拉克知道自己無法親身到中國，但他做了自己一再強調的事：一個領導者剛上任，最重要的就

是培養接班人。

我相信彼得・杜拉克花很多時間觀察邵明陸，最後才會授權給他，或許他在邵先生的身上也看到他實踐了自己的話語。

還有一次，我想成立彼得・杜拉克協會之後，邀請邵先生當我們的榮譽主席，但邵先生卻說：「黃先生，我當然非常樂意，但這樣做對你有什麼好處呢？你應該要去找在台灣深具影響力的人物，可以幫助你影響更多人，這樣才有加分的效果。」

再一次，邵明陸的話，讓我深深感受到他時時刻刻都在替別人著想，也看見彼得・杜拉克的學生，如何真的在生活中實踐他的精神，讓我更加地欽佩杜爺爺了！

如果社會上大多數的人，能像邵先生與彼得・杜拉克一樣，世界上的紛亂就會少很多很多。隨著過期食品、可怕的食物添加劑的新聞，不斷地在台灣社會上演，更加深我好好把這些課程引進台灣的動力。

當然，我也需要效法彼得・杜拉克，好好挑選對的人，這才是最重要的！

杜爺爺啟發我：

1. 你知道為什麼彼得・杜拉克要授權中國市場給邵先生嗎？
2. 你覺得彼得・杜拉克用人的哲學是什麼？
3. 如果你是主管，你會採用具備什麼特質的人呢？你期許自己成為什麼樣的主管？

4. 如果你是上班族，你會勉勵自己成為什麼樣的下屬呢？

你知道魯夫為什麼能聚集到那麼多好夥伴嗎？

因為他像杜拉克一樣，Integrity地奉獻、付出、真誠地為他人著想。即便他看起來沒什麼在思考的樣子，也和體貼細心搭不上邊，但正因為他想也不想就去進行貢獻與服務，因此才受到廣大群眾的認可。

他不在乎利益。有壞人，他就把壞人打飛；有人願意挺身保護群眾，他就覺得對方是好人，並和這個好人一起把壞人打飛。

他服務的群眾，是以「島」和「國家」來計算的。

他保護了索隆、娜美、香吉士、騙人布的家鄉——通常是把這個區域最壞、最關鍵的敵人打飛——然後進入偉大的航道，保護阿拉巴斯坦、保護空島、保護水之七都、保護魚人島……

他保護的人，都是迫切需要幫助的人，受到高壓與暴力迫害，喪失尊嚴、自由和生命。

他的服務就是保護：把壞人打飛、把開心、快樂和自由，還有一些有趣的麻煩和混亂，帶給大家。

而且，他不管對方的身分地位多高，實力多強，只要對方是壞蛋，他都會毫不猶豫地打飛對方——甚至拿命去拚。

所以他身邊有這麼多好夥伴，並甘願為他拚命。

所以他身邊有那麼多貴人——甚至海賊王的副船長「冥王」雷利，都願意當他的教練。

所以他具備「王」的資格。

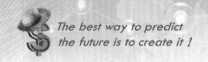

「小子，我記住你了。」電話蟲的另一端，因為想吃的零食被魯夫無意間吃掉，而誓言毀滅魚人島的BIG MAM，對指責她的魯夫冷冷地說，「你過來，我在『新世界』等你。」

「好啊，妳等著，我剛好有事找妳。」就算被「四皇」之一的大海賊盯上，魯夫依然毫不畏懼地回話。

「？」

「妳這傢伙太危險了！我要去『新世界』打飛妳！」魯夫對電話另一端的暴君大吼，「然後把魚人島變成我的地盤！」

魯夫的勇敢、真摯、強悍、捨己為人、Integrity，讓許多島嶼的領導人，甚至是一個國家的王者，都願意讓魯夫的海賊團保護、成為草帽海賊團的地盤。

你想要成為像魯夫那樣的人嗎？

你想要得到一國民眾的認可嗎？

那麼首先，你要Integrity，其次，你要抱著貢獻全世界、服務全世界的心態和氣度，去建立一個大家都贏的遊戲、一個讓大家都能致富的偉大行動。

3-2 核心價值與致富計畫

當你開始準備致富行動，請先做好一件事——做計畫。

所有成功的企業人士們，不會毫無計畫地貿然行動。

有時候他們會說：「先做了再說。」但你不知道的是，在他們的腦袋裡，早就已經有N個計畫了。他們只是在等市場的反應、客戶的建議，然後再做接下來的判斷。

但是在進行的過程中，你必須時時刻刻關注你的核心原則。

然而有許多人賺錢是沒有原則的。事實上，你的核心準則會大大影響你的收入。

松下幸之助有一句經典名言：

企業不賺錢是罪惡。

我們非常認同其所提出的論點。因為如果你要企業因為不賺錢而破產，導致員工失業，而忠於你們企業的客戶被迫成為其他不良公司的客戶，那確實是一種罪惡。

但其實我們更認同的是管理大師——彼得·杜拉克先生提出的：

創造客戶。

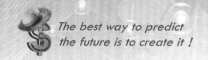

客戶是你賺錢與否的根本，服務好客戶，利潤才有真正的意

義，否則也只不過是財報上空轉的數字罷了。

大家還記得黑心奶粉、黑心水果、黑心起雲劑、黑心油、黑心肉品……等這些風雨嗎？這些人賺了很多錢，可是怎麼賺來的錢，就會怎麼再回到社會，並且賠上自己的時間、健康與人生。

創業如果只追求財報上的獲利數字，就會產生更多的黑心事件。因此創立一個企業，除了獲利以外，還有更多的責任與義務，也就是聚焦於貢獻與服務。

這不代表企業一定要轉型為社會型企業，而是必須先思考清楚誰才是商業社會中真正的主角。

一個企業的客戶不是只有單單金錢上往來的名字而已。

管理者、企業家，應該把他們的客戶視為家人，提供服務與產品。如果是以要製作一個產品給家人吃的心態，就不會一味追求最低成本的原料，而是會認真思考這個原料的來源、品質，是否真正安全？

如果我們要製造一台智慧型手機給我們的家人，我們就會認真考慮要用什麼樣的晶片、處理器，可以讓我們的家人發揮最大的產值，這就是「創造客戶」的核心價值。

創造客戶是企業真正的根本。傑佛里・貝佐斯創立的亞馬遜，雖然創業初期虧損金額高得嚇人，可是他的信念是打造「最以客戶為中心」的企業，因此在金融海嘯中，亞馬遜脫穎而出，展現出傲人的成績。

一個企業家的勇氣、遠見、膽識，有時候無法從財報數字上衡量，但企業家信念裡的核心價值，才是一個企業獲利與否真正的根本。

存在於商業的法則是很奇妙的。

我們看傳統百年老店，秉持著用最貨真價實的原料，給客戶最好的產品，能夠屹立不搖數十年甚至上百年；但一旦上百年的老企業，把公司利潤優先於客戶利益之前，雖然短時間能夠賺到許多錢，但高樓如何起，高樓就會如何倒塌。

前幾年重傷全球的雷曼兄弟不也正是如此？

如果企業營運像是一棵大樹，那麼客戶就是企業的根，服務與產品是養分與水份，利潤是果實，環境是土壤。唯有從根部給予充足的養分與水份，才是果實是否長得多、長得好的關鍵。

我們不能奢求直接把果實變得又大又甜，否則就像打了膨大劑、亮光劑、甜味針的水果，這樣的利潤是短暫的，無法持久的。

我們或許會抱怨土壤不夠肥沃、大環境不好，但你是否看過在水泥地上生長的大樹，仍然枝葉茂密、突圍而出？

這就是創造客戶所打造的企業生命力！

創造利潤能讓企業賺比較多，但不一定長久，利潤最終歸向是企業家口袋、政府口袋，還是消失不見都是未知數；但創造客戶，會讓利潤源源不絕，賺得更長久，企業家能睡得更安穩，對社會的貢獻與影響力也更強大，這才是企業存在商業社會裡真正的價值。

彼得．杜拉克的管理思想是非常彈性的，我們從他的學生身上學到創業和經營企業，很多時候我們的決定是非常兩難的。

但無論身處什麼情況之下，一個企業營運上的最低標準，叫做「不能明知有害而為之」。

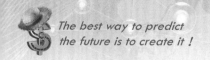

意思是任何的決策、致富計畫，如果無法對人類有益，至少不

能對人有害。

詐騙集團就是最好的負面教材。許多騙錢、詐財的手段，堪稱高明，但這件事對任何人都沒好處，就是一個最負面的例子。

前陣子鬧得沸沸揚揚的起雲劑也是，明知加工物對人體造成的傷害極大，卻仍非法添加化學物質，這也是「明知有害而為之」。

因此，立下你的致富核心準則，是十分重要的。

如果你有合夥人、核心夥伴，也請他們一起坐下來，為你們的致富計畫定下原則。

現在請找你的核心團隊一起坐下來，寫下你們的創業核心準則，並且每個人在後面，都簽上自己的名字，以示負責。

感謝耐心翻閱到此處的你！
記住！富人不為錢工作！富人為了貢獻與服務工作！
富人為了建立讓大家都贏的遊戲而工作！
你所服務的人數，和你的財富成正比！
而一家百年企業的根就是「創造客戶」！
祝福你擁有豐盛、富饒、恩典滿滿的生命！
Fighting！Fighting！Fighting！

Chapter 4

問對問題

The best way to predict the future is to create it！

知識工作者要提高效能，首先要做「對」的事。

彼得・杜拉克

首先，你認為什麼是「對」的事？

就如同杜拉克所言：「解決問題的方式有千百種，我的職責就是問對問題。」

你可能無法非常精確地判斷何謂「對」的事，但你可以從前面幾章看出一些端倪。

★ 你必須尋找自我、探索自我、了解自我。

★ 你必須Integrity，真誠、正直、廉正、內外一致、真實的面對內心的世界。

★ 你必須聚焦於對社會有所貢獻，並服務廣大群眾。

再問一次，你認為什麼是「對」的事？

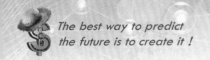

To Think, To Write

我們由衷地希望，讀完前面幾個章節，你的答案會更加Integrity、更接近貢獻與服務、創造客戶。

如果你認為這很困難，那我們可以提供你一些方向。比如：

★為什麼我們要寫這本書？

而答案全部在序篇裡。

如果你要快速了解一本書是否對你有價值，自序和目錄是其中的關鍵。

自序是作者寫書、出書是「目的」。優秀的企劃案、構想、產品，全都和目的有關。目錄則是這本書的項目和重點摘要。

這也是杜拉克式的學習法。

他靠著自我管理，僅用就學期間四分之一的時間就獲得博士學位，剩下的時間都在做他喜愛的事。他大量閱讀，用三個月和三年交替學習法，不斷嘗試全新的領域。

好的書籍可以大大提升你的見識，而努力實踐好書中提供的知識，則可以大幅提升你的能力與格局。杜拉克表示，他靠著在圖書館大量閱讀，得到了「真正的大學教育」。

如何判斷一本書是否滿足你的需求、是否對你有價值，最快的方法就是看自序和目錄。書本的自序和目錄，就像一家企業的「使命」和「產業別」一樣。

我們已經告訴你我們寫書、出書的目的，現在我們要再度刺激你的大腦：

你看這本《當富拉克遇見海賊王——草帽中的財富密碼》的目的是什麼？你為什麼要看這本書？

To Think, To Write

「為什麼」是最高等級的問題。

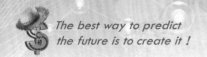

如果你知道你「為什麼」要做某件事——也就是你做這件事的「目的」——很多事情你就有了答案。

許多人都在考試、都在念書，卻不知道為什麼要考試、為什麼要念書。

許多人都在追求金錢和地位，卻不知道為什麼要追求金錢和地位。

許多人問的是「如何」：如何賺大錢？如何考上台大？如何進入百大企業？

這就是許多人無法致富成功的原因之一。

政府之所以沒效能，就是因為很多決策，不知道「為什麼」要做？但還是要依法行事。國軍也是如此。

所以，為了幫助你了解自我——這是本書最重要的目的——我們要請教你：

To Think, To Write

為什麼你要賺大錢？你賺大錢的目的是什麼？

如果你正在研究股票、基金或房地產，你研究這些的目的是什麼？

To Think, To Write

如果你正在開辦企業，那你開辦企業的目的是什麼？

如果你正在上班，那你上班的目的是什麼？

如果你正在找工作、換工作，那你找工作、換工作的目的是什麼？

如果你正在考高中、考大學、考研究所、考公務員，那你的目的是什麼？

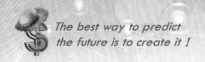

如果這是你第一次思考這些問題，而且沒有認真讀過前面幾個篇章、沒有認真思考、沒有積極和我們互動、把它當成老生常談，你根本不可能回答得出來。

如果你回答不出來，你學習再多致富賺錢的祕密也是枉然。

反正大家都在做，我就做了——如果你還在人云亦云，你不可能成功，你不可能像魯夫一樣，航向屬於自己的「偉大的航道」。

你追求的不應該是更高分、更高地位、更多錢，而是「更不同」。

你必須離開血染山河的紅海，找出屬於自己的新藍海。

藍海思維放在企業中，就是創新與創業精神的領域。而真正的創新企業家創辦企業的目的，通常是基於某種良善的信念。

舉例來說，雷・克羅克創辦麥當勞連鎖餐飲的目的是「讓更多美國人享受更好吃、更快速、更便宜的漢堡」；霍華・舒茲創辦星巴克的目的是「讓美國人告別喝馬尿的時代」。

有一對從墨西哥來的夫婦到美國定居，發現在美國遍地找不到墨西哥的家鄉料理。他們非常懷念墨西哥老奶奶的家常菜。有些餐廳仿照墨西哥風味製作的菜色，和墨西哥老奶奶的傳統料理還是有些差距。

這對夫婦希望讓更多人享受到墨西哥傳統的原汁原味料理，於是開了一間墨西哥餐廳，菜色忠於老奶奶的原汁原味家鄉菜。

這才是真正的創業家精神，也是創業家應該要明確了解自己創業的「使命」與「目的」，而不是「我的夢想是開一家咖啡館，所以我開了一家咖啡館」，這根本不叫創業。

學校或家庭環境讓你僵化的思維，現在我們要讓它活絡起來。

這個過程絕不輕鬆。

就好像忽然要你跑個一百公里的馬拉松一樣，因為你平常沒有在跑，所以忽然要你去跑一百公里，你根本辦不到。

但是每天開始跑一公里，然後去習慣每天跑一公里，再慢慢往上加，總有一天，你會覺得跑一百公里是很輕鬆的事。

要你去思考如何把一塊台幣變成一百萬，很容易嗎？當然不容易！但你可以循序漸進，就像跑步或重量訓練一樣。

從現在開始，我們要讓你「想得不一樣」。

這是創新與創業的思維。正如杜拉克所言，企業中除了行銷與創新以外，剩下的都是成本。

能改變世界的全是創新與創業的產物，它有關鍵、有祕密、有分析、有統計資料、有實證、有相關訓練，而且跟前面的章節都有關。（我們將在後續的作品中釋出相關內容）

你若想要讓世界不一樣、讓你自己的生命不一樣，至少你要讓你自己的思維和旁人不一樣。

但要達到創新與創業，甚至一塊變一百萬的超級思考境界，你至少要練習去想「為什麼」、「目的是什麼」。

所有的答案都在問題裡，「為什麼」是最高等級的問題。

我們建議你常常去思考「為什麼」、「Why」、「目的」，你的未來和腦袋將會有戲劇性的轉變。

時常詢問自己「目的」，假以時日，你就會得到只屬於自己的答案，你的人生會有方向、有目標、生命充滿熱情。

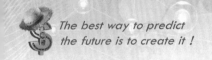

4-1 一個偉大的使命

如果你覺得回答之前的問題很困難，我們可以提供你卓越的參考範例：

★ 王品集團的使命是：以卓越的經營團隊，提供顧客最優質的餐飲文化體驗，善盡企業公民的責任。
★ 優衣庫的使命是：以合宜價格，為每個人提供適合於任何時候及場合穿著的時尚、高品質的基本休閒服裝。
★ 台積電的使命是：成為全球最先進及最大的專業積體電路技術及製造服務業者，並且與我們無晶圓廠設計公司及整合元件製造商的客戶群共同組成半導體產業中堅強的競爭團隊。
★ 可口可樂的使命是：讓全球人們的身體、思想及精神更加怡神暢快；讓我們的品牌與行動不斷激發人們保持樂觀向上；讓我們所觸及的一切更具價值。
★ 成資國際的使命：協助各個產業、各個領域創造更多優質的典範。

這些全都是卓越企業的使命，而你可能會好奇企業的使命和你有什麼關係？

「使命」即「目的」，「使命」的定義就是：為什麼要成立這家企業？這家企業能產生什麼貢獻？能創造什麼樣的顧客？

把「企業」換成「你」，就變成「你的使命」。

企業所能服務的人數，大多數情況會比個人多很多。你服務的人越多，你的財富越多。

只要你比照企業規模的使命，創造出屬於自己的使命，你的生命就會完全不一樣。

你的生命會有目標、有信念、有靈魂、有熱情——只要你有使命。

我們要幫助你，在你心中種下一顆種子，讓你對生命有熱情、有動力，而不只是每天單純的起床、上班、吃飯、下班或加班、睡覺，日復一日。

我們要讓你的生命變得更好玩、更酷、更有實用價值，但我們不能指出「你未來的事業」是什麼。因為這要由你自己找出答案。

所以請問，你的使命是什麼？

To Think, To Write

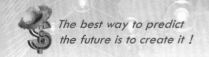

為什麼你會寫出這樣的使命？

To Think, To Write

如果你不習慣問自己「為什麼」、「目的為何」，在你一開始這麼問自己時，你會很辛苦、很挫折，也很恐懼。因為這是你Integrity的開始。

你在「尋找自我」的階段會感到孤獨，因為沒有人陪你去你從未到過、卻只有你能前往的地方。

人都需要朋友，但你在尋找真正的自我的道路上，只有你能前往，也只有你自己有答案。

你的父母可能是最疼你的人，你的朋友可能是最挺你的人，但只有你自己能找到答案——只屬於你的答案。真誠、誠實、勇敢面對你內心真實的感受，Integrity。

你如果連面對自己都不願誠實，可能要辛苦一輩子。

所以，要不斷問：

★為什麼？

★為什麼？

★為什麼？

在問「如何賺大錢」之前，你要想「為什麼要賺大錢」？

所以現在，我們再請你思考一次：

你為什麼要賺大錢？

感謝耐心翻閱到此處的你！

別忘了！做任何決策前，先想「目的」！

多問自己「為什麼」！

你會找到自我！你還會節省很多時間！

祝福你擁有豐盛、富饒、恩典滿滿的生命！

Fighting！Fighting！Fighting！

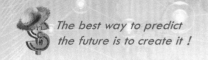

Chapter 5

創造優勢領域

The best way to predict the future is to create it！

尋找自己最擅長的領域並發揮所長，是每個人的天性。

彼得・杜拉克

有一個莊園，裡頭住著各式各樣的小動物。

小鴨鴨喜歡游泳，牠沒事就喜歡泡在水裡嬉戲。

小羚羊喜歡追趕跑跳碰，牠每天都會跑得滿身大汗，累了就呼呼大睡。

小老鷹喜歡飛行，雖然還不能飛得很流暢，但是牠卻很喜歡這種生活方式。

小猴子喜歡爬樹，牠最喜歡在樹上盪來盪去，摘樹上的果實吃。就算不小心摔到樹下，還是摸摸屁股繼續爬。

牠們各有各的專長和興趣，不但彼此沒有競爭，而且生活得很快樂。

有一天，莊園的園長希望從小動物中選出最「優秀」的一員，並宣稱這名被選上的動物，園長將保證牠「衣食無虞」。

如果你是園長，你會怎麼做？

小動物們都很興奮，一個個蓄勢待發、摩拳擦掌。

牠們都希望自己被選為最優秀的動物，並且獲得園長所說的「衣食無虞」。

之後，園長公布評選的方式：

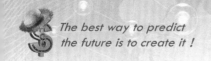

★ 考試的項目為：爬樹、跑步、游泳。

★ 爬樹、跑步、游泳各有各的分數。

★ 誰的總分最高，誰就是最優秀的小動物。

小動物們聽到考試項目，都覺得自己將會是最厲害的一員：牠們認為自己都擅長某一部分，而那份專長將讓牠們獲得勝利。

考試開始了。無論是哪一科考試項目，小動物們都卯足全力，努力爭取最優秀的成績。

考試結束了，小動物們都覺得自己竭盡全力，應該是最優秀的小動物。

沒多久，成績公布了。

你覺得小動物個別的表現如何呢？

小鴨鴨最擅長游泳。但是在跑步時，牠就發現自己的腳不適合做這件事。其他動物都跑得很順暢，尤其是羚羊，小鴨鴨很緊張，又很氣餒，只能在後面拚命地追趕。

最後，小鴨鴨不但是跑最慢的，爬樹項目更是缺考，因為他根本不會爬樹。更糟糕的是，個性認真的小鴨鴨拿牠的腳做了不該做的事，腳丫子都被土壤和石塊磨破了。

小羚羊認為自己是跑得最快的，而且牠游泳、爬樹都會一點點，所以牠認為自己的總分應該是最高的。

但是當小羚羊用盡全力奔跑時，卻發現老鷹早就在終點梳理羽毛。於是，單純的小羚羊非常崇拜小老鷹，不斷用閃閃發光的眼神看著牠。

小老鷹不太會游泳，但無論是爬樹還是跑步，牠都是最快最強的。他只要翅膀一張，「咻！」地就飛到樹頂、飛到終點。

個性奔放、不受拘束的小老鷹對自己的表現充滿信心。唯一在意的是，牠對小羚羊異常熱情的視線感到不安。

小猴子爬樹爬得最好，而且牠手腳靈巧，既會跑步又會游泳。不過牠個性既頑皮又容易分心，在爬樹時會摘水果吃、在跑步時會去調戲老實的小鴨鴨，在游泳時還不忘去調戲老實的小鴨鴨，他發現這樣很好玩，所以就連公布成績時，他還是在調戲老實的小鴨鴨。

如果你是園長，你覺得誰是最優秀的小動物呢？為什麼呢？

To Think, To Write

園長公布分數：

★ **小猴子的總分是最高的，牠什麼都會，爬樹最強、跑步第二名，游泳第二名。**

★ **小羚羊是第二名，跑步最快，爬樹和游泳都還算可以。**

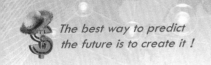

★ 小鴨鴨雖然是最努力的，游泳分數也最高，但園長對運動家精神沒興趣，所以是第三名。

★ 小老鷹全部掛蛋。雖然牠爬樹時最快到達樹頂、跑步時最快抵達終點，但是牠作弊——用飛的。

很離譜吧？當然離譜！

而且歷任的園長都這麼做，做得理所當然！

最糟糕的是，世界上絕大多數的人都會這麼做，而且毫不質疑、理直氣壯，並且致力把這套詭異的價值觀灌輸在自己的子女身上。這就是我們台灣學校的教育方式。

這種教育體制怎麼改進？政府還妄想把九年改成十二年？OH, My God!!

現在，我們要請你動動你的大腦：

園長的考試，和台灣學校的教育環境，究竟有什麼差別？你理想中的教育又是什麼？

To Think, To Write

現在年輕人月薪22K、18K，抱怨老闆太摳、政府太無腦、富二代過太爽；現在企業家認為年輕人太草莓、太無能、名校畢業卻沒有足夠的能力和實務經驗去勝任，更重要的是，這些學生連自己擅長什麼、熱愛什麼都不知道。

社會的許多問題都從教育開始。

教育為本，教育決定一切。正如杜拉克所言：「一個人最大的成本，是一顆未受過訓練的腦袋。」

而腦袋又分為左腦和右腦，左腦偏向邏輯、記憶、批判，右腦偏向創新、創造與聲光音效。

台灣的教育環境並不負責訓練你的右腦。更多時候，它對破壞你右腦的創造力還比較有貢獻些。但是在致富之路上，發達的右腦是必備條件。

台灣的教育，會用國文、英文、數學、自然、地理等五個領域，判斷你的才能——

數學理解能力強，好像是一件很了不起的事，所以加權分數重一點；藝術家在台灣要混口飯吃，好像很困難，所以美術和音樂科目意思意思就好。

所以，學校教你的，理論上是要教你在社會上足以生存的能力；但沒有人知道學會三角函數或微積分，到底能幫你在社會上賺取多少收入；然後，社會再把專業的美術、音樂，包裝成很高尚、很有錢的人才能學的東西；但是，學校又沒有真的教你怎麼賺錢。他們教你一些好像很有用、好像很厲害，實際上卻在妨礙你思考、妨礙你創新的能力。

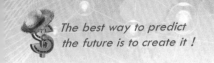

因此導致有些人不會賺錢，變得很窮。窮到一個極致後，不是

上街當遊民，就是燒炭見上帝，或變裝去搶銀行。

因為大家都很窮，所以沒有閒情逸致去觀賞藝術演出，藝術家也越來越窮。

因為大家都很窮，所以沒有人敢結婚、沒有人敢生小孩，生育率降低、人口紅利降低、國家生產力也降低。

有些人的大腦被學校鍛鍊得像石頭一樣硬，以為上班吃得苦中苦，有朝一日一定能成為百萬富翁，把學校最基本的算術能力忘得一乾二淨：他們不知道就算月薪10萬元，不吃不喝整整兩年都不一定能湊到在台北市買房子的頭期款。

有些人拚命追著錢，以為研究錢、知道所有金錢的運作規則，就能賺取大把鈔票。卻忽略品格、忽略貢獻與服務、忽略目的、也忽略自己的優勢領域。

5-1 成功事業的第一個條件：熱情

熱情也是有等級的。

如果你正在上班，你知道為什麼你只能領22K嗎？

因為杜拉克說：「企業唯二有生產力的，只有行銷和創新。剩下的都是成本。」

如果你不會行銷、又不會創新，你只會是公司的成本。

所以，如果你是老闆，你會希望成本少一點還是多一點？

你的財富又和你服務的人數成正比，如果你只是單純的雇員、上班族，你怎麼提高你的效能、去服務更多的人？

你覺得老闆都很摳嗎？因為他們不知道你可以對企業有什麼貢獻。多數的老闆，也不太清楚要怎麼樣才能找出你的貢獻、也不太清楚要把你放在什麼位置，因為他們怎麼知道連你都不知道的事呢？

如果你不想離開公司去創業，又想對企業、甚至對社會有貢獻，順便多賺個幾十萬幾百萬，你只有兩條路：

★行銷。

★創新。

以上是杜拉克認為企業唯二有生產力的項目。

你會行銷嗎？你知道全世界最強的行銷之神叫「傑・亞伯罕」嗎？

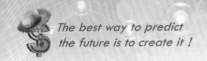

你知道全世界所有的行銷、成功學大師，大部分都源自於傑・亞伯罕嗎？

你知道《心靈雞湯》作者——馬克・韓森、世界第一潛能激勵大師——安東尼・羅賓、《有錢人想的跟你不一樣》作者——哈福・艾克，全是傑・亞伯罕的弟子嗎？

你會創新嗎？你知道每個人都可以創造出只屬於自己、獨一無二的創新產業嗎？

我們樂意教你全世界最頂尖的行銷，但我們必須非常確定你是Integrity、是願意對世界有所貢獻的人。

因為這套功夫足以幫你賺進數百萬美元以上的收入，如果你學會了，卻又不是Integrity的人，那只會造成災難，這就是Integrity如此重要的原因。

不過我們很難教你創新，因為創新不是用教的，而是激發出來的——儘管創新可以被訓練。

要激發出只屬於你自己的創新能力，你必須回答接下來的問題。如果你Integrity、願意真誠地面對自己內心的感受，你會知道你這一生注定要完成什麼事、想從事什麼樣的行業？

現在，我們要再度協助你打開大腦：

To Think, To Write

你覺得你衷心熱愛的領域是什麼？

你的興趣是什麼？你平常的消遣是什麼？沒有工作時都在做什麼？

什麼事是你不用他人鞭策，你就自動自發去做的？

什麼事是你一生中一定要做的？

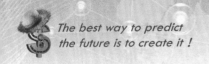

以上的問題，是為了協助你找到你熱愛的領域。

「熱情」是你成功事業的第一個條件。

你的成功事業必須同時滿足三個條件，缺一不可。「熱情」是第一個要優先考慮到、也是最重要的。

你不熱愛的事情，你不會覺得好玩；你覺得不好玩的事情，你不會持之以恆；遇到困難，一次、兩次、三次，你就會放棄。

你有可能在一個領域達到頂尖，但你若不熱愛，就算你的實力再頂尖、能賺的錢再多，你也會懶得做。

「籃球大帝」麥可‧喬登曾說：

「我成功，是因為我站起來的次數，比失敗多一次。」

「在我職業籃球生涯中，有超過9000球沒投進；輸了近300場球賽；有26次，我被託付執行最後一擊的致勝球，而我卻失手了。我的生命中充滿了一次又一次的失敗，正因如此，我成功。」

「我打籃球，是因為我愛打，而籃球順便能幫我賺錢。」

他如果不熱愛籃球，是不會越挫越勇的。

如果你不熱愛某件事，能驅動你的不是貪婪、就是恐懼。

如果你不熱愛上班，卻每天硬要起床去上班，那驅動你的不是高額的薪資，就是害怕失去生活費的恐懼感。

如果你不熱愛房地產，卻去研究房地產，那你只是想賺錢而已，你為自己而戰，而不是為貢獻而戰。

境外投資、股票、期貨、各種金融市場，如果背後驅動你的不是熱愛與興趣，那就只會是貪婪或恐懼。

你必須鍾愛一件事物，你才會願意花心力去研究它，然後了解它、熟悉它，最後成為該領域的頂尖人物。

致富的法則之一是：從事你熱愛的工作。

找個你熱愛的工作，這樣你工作時就會是快樂的。

找個你熱愛的伴侶，這樣你不工作時就會是快樂的。

如果你兩個都有，那無論你工作或不工作，都會是快樂的。

如果你熱愛的伴侶，也熱愛你的工作，並且和你一起從事這份工作，那你無時無刻都會是快樂的。

正面追夢小故事

呂安琪是一名銀行從業人員。

因為大學讀的是本科系，加上家人認為金融業大有前途，所以她畢業後就踏入銀行業。

但工作五年下來，安琪發現自己並不快樂。每天面對報表、數字、會議……等，讓她痛苦不已。即使好不容易熬了五年，終於累積到薪水三萬五的待遇，可是三十二歲的安琪越來越有一種拿自己的人生在換錢的感覺。

她看著身邊在金融業將近二十年的老同事，每天處理差不多的事物，似乎都在熬著剩下的最後幾年等退休，安琪忽然覺得她一點都不想在這個行業莫名其妙地變老，於是興起轉行的念頭。

但已在金融業近十年的安琪，除了儲蓄、外匯、保險……對其他東西一無所知。

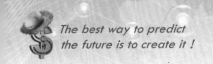

她只知道自己喜歡畫畫，那是唯一可以讓她從巨大壓力解放的事物。但從小她就被灌輸畫畫沒有前途、賺不到錢，所以就順應潮

流把「學生該做的本分」做完，然後當一個父母眼中的乖乖牌上班族。但當金融風暴來襲後，公司遇缺不補，原本忙碌的安琪，還必須接手其它人的業務。每天早上七點就進公司，但天天加班到十一點。直到有一天終於撐不住，她感覺到原本就敏感的胃，今天特別不對勁，於是請假去看醫生。

醫生直接診斷是胃癌零期。

萬念俱灰的安琪想著自己短短幾十年的人生，到底在做些什麼，快樂過嗎？開心過嗎？興奮過嗎？她驚訝地發現自己長久以來，都是為其他人的期望而活，她從來不曾為自己的夢想努力過。

安琪不禁問自己：人生都已經走到這個地步了，難道我還不替自己活一遭？

於是安琪辭去工作，領了保險金，搬出都市，重拾畫筆，畫出一張又一張她理想中的人生，並用文字在旁邊寫下在人生第三十二年裡，重新為自己而活的喜悅，並將這些作品放在網路上。

沒想到這些讓人感動的圖畫和文字，引起廣大的共鳴。

安琪的作品讓許多人重新思考人生的意義，更有許多人找安琪上電視節目。接著，安琪出了作品集。這些書的版稅，足足是安琪過去收入的兩倍之多，加上額外的通告收入、演講邀約、賣畫收入……。安琪才忽然驚覺，原來心底的夢想其實可以成就很多事。

當她快樂地從事她最喜歡的工作，很多事情就變了，吸引很多好人好事來幫她，進入夢想的正向能量循環裡。

夢想完成的速度是安琪始料未及的，她開始去鼓勵更多人，去遵循自己內心的夢想與渴望。

不可思議的事，有時就在你身邊，就像幸福的青鳥。

5-2 成功事業的第二個條件：強項

創造成功事業的第二個條件是「強項」。

如果你是動物莊園的園長，你一定很清楚：小鴨鴨的強項是游泳，你就不該讓牠去跑步、爬樹；小老鷹的強項是飛行，你不能用僵硬的標準去衡量牠。因為你是人類，你很聰明，你一定知道這些。

就像學校用一個人的總分與名校文憑，去衡量一個人的「優秀」與否；社會大眾用月收入高低或「資產」的多寡——更多時候其實是「負債」——來衡量人的成功與否一樣，這世上有很多被這種僵硬標準扼殺的小老鷹。

你要衡量一個人是否有價值，你首先要考慮的這個人是否Integrity？

違反Integrity的人，卻又很有錢、很有才能，那簡直是會移動的災難、會走路的十八禁。

杜拉克說：「儘管我們不能靠品格成就任何事，但沒有品格卻會誤事。」同樣的道理，你要成功之前，首先要有品格——Integrity。

第二個，是這個人是否對社會有所貢獻？

而他服務的人，是廣大群眾、還是只有自己？

「不務正業」想快速致富、自己享樂的人，對社會當然不會有貢獻——就像加勒比海上那些燒殺擄掠的海賊一樣。

第三個，你要知道他的優勢領域在哪裡？也就是他的「強項」

是什麼？

就像任何有點腦袋的人都知道，小鴨鴨不太會爬樹一樣。假設你要摘樹上的水果，你會請小猴子幫忙，而不會是小鴨鴨。

你必須把自己放對位置，你才會有效能。而適合你的位置，一定要符合你的天賦專長。

詭異的是，許多人活了一輩子，都不知道自己的優勢領域是什麼。因為學校不負責開發你的優勢領域。

更多時候，台灣學校只負責用「學業能力」去論斷你的價值——就像園長認為小老鷹的強項沒有用處一樣。

你不該因為跑步跑很慢，就被他人認定你沒有能力、沒有才華——只因為你的強項可能不是跑步——你很可能是小鴨鴨。

你必須把自己擺在對的位置，符合你興趣和專長的位置，你才會做得開心、如魚得水。

正如杜拉克常講：「年輕的知識工作者，應該早早問自己：是否被擺在對的位置上？」

所以，我們要請你找出自己成功事業的第二個條件：「強項」。

To Think, To Write

你覺得你的強項是什麼？

To Think, To Write

回顧你的人生，有什麼事情是你做起來得心應手的？

你覺得你有什麼技能，是不用特別磨練，就可以做得比別人要好的？

問問你的親朋好友，他們覺得你特別擅長做什麼事？

觀察你周遭的人的工作和任務，有什麼事是他們感到很棘手，而你覺得你能輕鬆應對的？

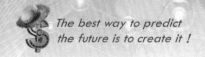

在海賊王的劇情中，魯夫也知道：要進入「偉大的航道」、尋求「大秘寶」之前，一定要先聚集一群好夥伴，而且這群夥伴，也一定要是各種領域的頂尖高手。

萬丈高樓地基起，任何事物都一樣。同樣的，要進入富人的快車道，一定要先有穩定的現金流。而要創造穩定的現金流，就要先做自己熱愛並且擅長的事。

或許你在甫踏入職場之時，根本不懂自己喜歡什麼、熱愛什麼，不了解自己擅長什麼、做什麼事最有效能。但隨著你經驗的累積，你可以慢慢找到自己的天賦。

年輕人不懂的時候，應該多去嘗試，並且失敗的次數越多越好。因為失敗本身就是成功的一部分，沒有經歷過失敗的年輕歲月，是無法淬鍊出智慧的。沒有這些風浪，往後人生的路上，有時候會比較辛苦。

要找到自己的優勢領域，有幾個步驟跟方法。你可以從過去的經驗得到，整理成功經驗，進而發現自己做哪些事比較擅長，也可以透過一些步驟，讓自己更清楚地認識自己。

你或許覺得自己並不認識什麼大人物，更不覺得自己有什麼特別突出的表現，可是，請相信一件事：你一定有你存在的獨特價值。

這就是杜拉克在《五維管理》中，首先提到的深奧觀念。

要管理他人、建立事業，首重「自我管理」。

你要了解自己擅長什麼？應該專注什麼？做什麼事會比別人產生更大的效能？

現在就讓我們把這些東西整理出來。

請寫下你懂的東西有哪些？

例如經濟學、會計、統計、醫藥、英文……等，任何專業知識都可以。

To Think, To Write

接著請寫下你會的技能：

例如裝修電腦、蒐集資料、寫文章、唱歌、化妝……等，任何你覺得自我表現還不錯的事。

To Think, To Write

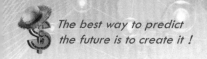

請寫下你擁有的東西。

分兩個部分來寫，一種是你自己本身的特質——也就是無形資產——例如高眺的身材、美麗的容貌、幽默感、親切感、善於聊天……等。

另一種是外在的物質——也就是有形資產——如有車子、摩托車、電腦……等。

To Think, To Write

請寫下別人曾經怎麼稱讚你：

例如：很會表達、善於溝通、談判高手、成交高手、做事很有效率、減肥達人、超級感情顧問……等。

To Think, To Write

請寫下你認識的人：

請分為兩類。一種是你很希望能夠擁有的特質的人、成功的人、你欣賞的人……等。另一種是你認識的朋友、同伴、同事……等。

To Think, To Write

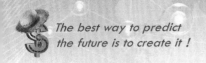

你曾經做過的工作、表現如何：

無論是短期、長期、兼職、全職、創業……都可以。

表現如何請用一句話描述。

To Think, To Write

你扮演過的角色、表現如何：

例如父母、兒女、職員、班級幹部、學校幹部、上司、下屬……等。表現如何請用一句話描述。

To Think, To Write

你喜歡的事物有哪些？平常的興趣是什麼？逛最多的是什麼？關注最多焦點的是什麼？

例如：攝影、打籃球、美食餐廳、旅遊、育兒方法……等。

To Think, To Write

經過上述步驟，你在心裡會慢慢開始整理出一個輪廓，並且找到交集。

例如，禎祥老師專長的領域有房地產投資、會演講、擅長於談判、認識許多老闆與媒體、會行銷。

很多人表示被他激勵後改變了生命，他做過房地產、帶過組織也會創業。

他扮演過父親、丈夫、上司、下屬的角色。

一旦禎祥老師全心投入，就能做得非常好。

他平常會關注球類運動與教育相關資訊。

於是，禎祥老師開始發現「溝通」、「業務」、「談判」、「行銷」是他的強項，而這正是他可以分享給別人的部分。

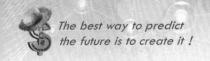

禎祥老師知道自己不會是一個很好的公司高階管理人才，但是對於業務上的績效管理則是他的強項，所以他可以選擇一個市場，切入各領域的業務訓練，並且用各式資源，打造個人品牌。

而硯峰善於「分析」、「整理」、「觀察」和「文字工作」，儘管各方面都還在磨練階段，但我們很快地發現他在「陌生開發」有很大的進步空間，所以一級戰區暫時不會有他的位置。

他同時也喜歡遊戲與動漫，喜歡看書，也喜歡創新及系統化的思考。所以這個《當富拉克遇見海賊王》系列作源自於他的創新構想。

而他所缺乏的技藝正好是禎祥老師及其他夥伴比較精擅的，他所擅長的「整理」也是禎祥老師需要更多祝福的部分，因此兩人可以做很好的配合，再加上多才多藝又漂亮神祕的草大麥，才有今天你手上的這本書。

找出你的天賦強項，再來的任務是：強化它！

你必須不斷地強化你的強項，不斷強化、不斷磨練、不斷累積經驗值，你才會成為頂尖人物。

杜拉克認為，你若想要成功，你要做的事，就是不斷強化你的強項，而不是強化你的弱項——除非你的弱項真的嚴重到會妨礙你發揮所長。

就像小老鷹擅長飛行，他必須不斷的強化他的飛行能力，假以時日，他就能成為飛行領域中的典範。你看過有哪隻老鷹在游泳池學自由式的？

如果你是小鴨鴨，你的強項應該是游泳，而你卻努力強化自己不擅長的領域——比如跑步或爬樹。你不但不會成為全才，反而樣樣都通、樣樣都鬆。

正如杜拉克所言：「沒有所謂的『優秀人才』這種事。在哪方面優秀，才是重點所在。」

你在哪個領域特別優秀，就必須強化你的那個領域。

然而我們學校的考試制度，第一，它的考題通常對社會沒什麼貢獻度和實用性可言；第二，用全部科目的總分來論斷一個人「優秀」與否，是非常莫名其妙的事情。

假設有一個學生叫小明，他其他科目都很差，但唯有國文一科特別精擅。小明很可能所有科目加起來的總分只有100分，因為他只能在國文領域達到100分，而其他都是0分，但如果國文的分數滿分為1000，他可能可以達到1000分，而其他各科都很「精擅」的學生，加起來的總分可能也比不上小明國文一科。因為人的心力與時間有限，不可能在每個領域都成為頂尖。

當小明專精於國文一科，假以時日，他的文學造詣、文字工作領域的功力，將足以替他創造最少一項的現金流工具。

真的每個人都要去考多益、考托福嗎？你擅長學習英文嗎？英文不好，真的會妨礙你發揮所長嗎？紐約的乞丐英文也很好啊，不是嗎？

你必須常常思考這些事——如果你想要成功的話。

因為人的時間有限，你必須把時間花在你投資報酬率最高的領域上。

只要你找到自己的天賦專長，並致力強化、磨練、讓它發光發熱，你就完成你成功事業的第二個條件：「強項」。

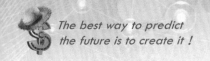

5-3 成功事業的第三個條件：經濟效益

第三個條件是「經濟效益」。

許多人賺錢，往往是「這個看起來好賺，所以我去賺」。

「澳洲打工看起來好賺，所以我去賺。」

「百大企業看起來好賺，所以我去應徵。」

「公務員看起來很好賺，所以我去應考。」

千千萬萬人只顧慮到經濟效益，卻沒有考慮到前面的兩個條件：熱情和強項。而且在賺錢方面，又沒有考慮是否對社會有所貢獻？也沒考慮為什麼要賺大錢？甚至不知道有多少方法可以產生經濟效益？

你不知道你是否有熱情、你也不知道你是否你是否精擅、你甚至不知道是否可行。

「經濟效益」指的是可行性、實務面、現實考量。

比如，許多人熱愛畫畫，同時擅長畫畫，卻沒有任何經濟效益——也就是無法得到溫飽——那就沒有意義可言。

社會型企業在聚焦於對社會的貢獻之餘，也要兼顧經濟效益，否則就只是公益慈善。

所以，在找出「熱情」和「強項」的同時，你還必須想出一套可行的獲利模式：如何讓大家都贏？

所以，我們要協助你發揮創意，找出你獨一無二的成功事業：

To Think, To Write

你熱愛的領域有經濟效益嗎？如果沒有，你要如何讓它產生經濟效益？

你專精的領域有經濟效益嗎？如果沒有，你要如何讓它產生經濟效益？

承上述兩題，為什麼你認為你的方式，會有經濟效益？

請你發揮創意，去想一套大家都贏的遊戲、一個可行的獲利模式：

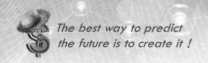

寫完了嗎？

所有的問題，都是為了幫助你找到屬於你自己的成功事業。

房地產好賺，所以我去賺；某張股票好賺，所以我去買；境外投資好賺，所以我去賺——以上這類獲利思維，和「成功」一點關係也沒有。

你唯有不斷創新，習慣讓你的大腦思考，你才會成功。

而上述三個條件，是激發你創意的基礎。

5-4 收入的多重來源

而單就經濟效益的層面來看，其實有非常多的選擇。

彼得・杜拉克曾在其《真實預言——不連續的時代》書中提到第二知識職業的重要性。

換個角度來看，也就是打造多重現金流。財富是需要管理的，你的收入與現金流也是。

一般來說，我們把收入歸納成四種：

1.用時間與生命換錢：TIME WORKER

簡單來說，只要你停止工作就沒有收入，無論你是SOHO族、上班族、老師、教授、律師、會計師、醫生……等，都屬於這種。

2.用錢與時間換錢：MONEY WORKER

舉凡股市投資人、債券投資人、基金投資人、入股餐廳或公司的投資人、房地產投資人……等。

只要是拿出你自己的錢，但實質上不是因為你的其他勞力付出所造成的收入，就屬於這種。

3.用別人的資源換錢：RESOURCE WORKER

簡單來說，合夥創業是其中一種。你用別人的時間、別人的錢，與別人合作、用別人的資源，然後換取自己的收入。

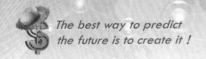

4.建立一套系統賺錢：SYSTEM WORKER

建立一個簡單、可被輕易複製的系統，讓大家加盟、讓大家都贏。麥當勞之父——雷・克羅克、星巴克之父——霍華・舒茲都是很好的案例。

並沒有哪一種工作模式可以賺得比較多或比較久。

如果你是一位剛從法學院畢業、考上執照的律師，你的收入不一定會比在路邊擺攤賣衣服的年輕女孩高。但如果你累積了一定的資歷、經驗，擁有高曝光率，那麼你的收入可能就比較高。

你可以自由搭配你所想要的收入模式與投資報酬率。沒有對與錯、好與壞，這攸關你自己的喜好與選擇。

但的確有些搭配組合，可以讓你比較輕鬆地賺到錢，並且也能夠持續地更長久。

每一種工作者，都有不一樣的工作型態。更詳細的分類，可以參考《富爸爸窮爸爸》系列叢書，這邊只是做個簡單的分類。

在《富爸爸窮爸爸》系列叢書中，羅伯特・清崎的教練富爸爸提出「現金流象限」的概念：

E象限（Employee）：

你擁有一份工作，用自己的時間、勞力換金錢的象限。

★一般上班族、軍公教、高階專業經理人屬於E象限。

★E象限的人受雇於系統擁有者，為老闆工作、為企業工作。

★E象限的人收入穩定、加薪穩定，但成長幅度緩慢。

★E象限的佼佼者幾乎沒有方法避稅。

★E象限的人只要一停止工作，收入就會中斷。

S象限（Self - Employee）：

你雇用自己，用自己的時間、技能換金錢的象限。

★自己開一間診所的醫師、開一家自助餐廳的老闆、開一家會計事務所的會計師、或是夜市擺攤的攤販、SOHO族、某些領域的業務員、大部分直銷業者都屬於S象限。

★S象限的人有特殊的才能，受雇於自己，用自己的專才去賺錢。

★S象限的人收入不太穩定，可高可低，他們的收入由客戶決定。

★S象限的人擁有某種程度的時間自由，他們受雇於自己，可以自己決定工作時間。

★大部分S象限的人只要一停止工作，收入就會中斷，但也有例外。

★有些S象限的人會以為自己是系統擁有者，但他們不是。

★S象限與B象限的其中一個差別在於：前者不工作就沒有錢流進口袋，後者就算不工作，金錢也會源源不絕地流進來。

★組織行銷（多層次傳直銷）可以屬於B象限，但大部分組織行銷從業人員會把它做成S象限，當他們一停止工作，收入就會中斷。因此在組織行銷的領域中，有沒有一套可以產生自動化工作的系統就是關鍵。

★當S象限懂得運用系統時，便能逐步跨入到B象限。例如，暢銷書作家運用智慧財產權保護法賺取源源不斷的版稅。

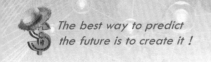

B象限（Business Owner）：

系統擁有者，建立系統，用他人的時間、技能或勞力換金錢的象限。

★ 建立系統的企業家、開放加盟的連鎖企業家、網路系統的創建人、組織行銷、建立通路者屬於B象限。

★ B象限的人雇用E象限與S象限的人。

★ 當B象限的人擁有一個穩定且優質的系統，即使不工作，收入也會源源不絕，達到財務與時間自由。

★ 部分B象限的人對I象限的人負責。

★ 連鎖加盟企業屬於金錢成本較高的B象限，他們建立一套有效的系統，開放加盟，讓他人複製自己的系統，擴建通路。

★ 組織行銷屬於金錢成本較低的B象限，他們學習、複製出更多的領導人，藉著已被證明成功有效的系統來建立團隊。因此，一套有成果、專業、在領域中已是典範的教育訓練系統就非常重要。

例如，台灣成資國際便擁有一套完善的教育與訓練體系，而彼得杜拉克社會企業，是一種結合學校、訓練機構、顧問公司與自有事業體的獨特企業。

I象限（Investor）：

金錢擁有者，讓金錢為自己工作，用自己或他人的金錢換錢的象限。

★ 房地產投資者、境外金融、股票、大眾物資、選擇權、貴重金屬、基金、資產信託等，都屬於I象限領域。

★I象限的人熟知金錢的歷史、法規和遊戲規則。
★I象限的人需要有大量的本錢，才有機會賺到大錢。
★品格不良的人擁有大量的I象限資源與知識時，會引發金融災難。
★從E象限或S象限直接進入I象限的人，常懷著貪婪和恐懼。
★如果沒有穩定的B象限系統，貿然進入I象限是非常危險的。麥當勞致富計畫必須穩紮穩打，先把系統架設起來，擁有穩定的現金流，再談投資金融衍生性商品，而且要把焦點放在經營團隊的品格與能力上。（詳情請參閱續集《當富拉克遇見海賊王2——麥當勞致富計畫》及書末活動）

你可以選擇你最想要的生活模式，我們將以上的特性整理出來，你也可以思考一下什麼樣的生活會讓你最快樂。

在每一種收入類型中，你所需要學習的技能都不相同。

管理學之父——彼得・杜拉克曾在其著作中多次提到知識經濟的到來，也提醒世人知識工作者所帶來的轉變。

事實上過去數十年來，經濟變化也正如其所言，產生質變與量變。

台灣的經濟型態，在短短數十年間，從傳統農業，轉變為技術領導的工業，再到現今以各式知識掛帥的科技業，並且進入現今技術、知識與服務大融合的新時代。

根據彼得・杜拉克在其《不連續的時代》裡提到：「知識工作者不是勞工，也非無產階級，但仍然是受僱者。」其仰賴薪水、退休福利和健保為自己創造穩定的生活。

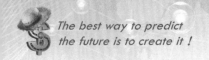

然而，彼得・杜拉克也直言，社會現實的觀點為「現今的知識

工作者其實是昨日技術工作者擢升的後繼者」。

因此，我們觀察現代大學畢業生期待的收入與雇主之間產生極大的落差。

這些即將進入或已經進入社會的知識工作者們，受過高等教育，期待自己成為「專業人士」。

但這些雇員們的想像，卻與真正的管理者的期待有極大的落差。甚至，許多我們眼中的「知識工作者」，已經淪於早期的技術人員，必須不斷地付出勞力、時間、健康、生命，換取微薄的收入。

彼得・杜拉克直接了當地說：「大多數知識工作者並沒有領悟，他們是在有發展且待遇豐厚的工作，與耕作除草每天做十六小時、卻只能勉強度日的工作中選擇。」意思是，現今的知識工作者雖然帶來社會上極大的變革，然而，當所謂「知識工作者」不願意提升自己、持續學習，那麼世人眼中受過高等教育的這群知識工作者，其實與在農地、礦場裡辛苦工作並沒有什麼不同。

科學管理之父——佛德瑞克・泰勒先生曾經提到：「知識份子認為工作是理所當然的事。想要更多產量，就必須延長工時、努力工作。但這樣的想法是不對的，要有更多產量的關鍵，應該是『聰明地』工作。」

亦即你若要選擇成為一個LIFE WORKER，在工作職場上獲得更多的收入，你就必須要比一般人投資更多在自己的思想上，讓自己發揮最大的生產力。

你可以開始思考：

★ 你現在做的工作是不是不需要大學畢業也能做？

★你現在的工作是不是必須大量、重複且辛苦地做？

★你現在的工作是不是幾乎用不到專業技能？

★你現在的工作是不是隨時都可以被取代？

★如果答案是肯定的，那你必須思考自己的工作與以往在農業社會與工業社會有什麼不同？

你或許期望透過累積年資獲得加薪，可是事實上是不是永遠都有新一批的大學新鮮人、永遠有人願意用比你要求更低的薪資來取代你、永遠有人比你願意犧牲家庭、健康、生命來換取工作？

你不是不能獲得更高的報酬，而是你要更聰明地工作！

首先，要加強的就是專業技能——甚至擁有兩項以上的專業技能——這能夠幫助你在職場上有所突破。

單一專業性人才已經不足以讓資方願意付出高額的薪水。

資方期待的，是一個能夠處理至少跨越兩種領域的複雜問題的人才。

因此，你如果想獲得高薪，你的專業知識就必須要有非常強的「獨特性」，而且是一般人無法取代的。

「勉強應付」工作不會讓你收入提高，更積極主動的出擊才擁有致勝機會。

此外，你是否曾經思考過，如果你持續現在的工作，二十年後，你會成為什麼樣的人？你能夠輕易退休嗎？如果你的薪資不足以讓你退休，甚至連自己都看不見未來，那麼你為什麼還要持續現階段的狀況？

彼得・杜拉克直言：「我們應該縮短年輕人開始知識工作前的教育年限。」

在我們看來，他的話是提醒世人，為了避免知識份子與企業主和社會產生過大的落差，應該盡早接受社會教育的洗禮，並且全方位的學習。

專業技能不斷精進的同時，還要學習把知識融入你的技能之中。

你必須學習站在「老闆」的角度思考，如此可以幫助你獲得更高薪水的機會，你要學習成為這些企業家的「另一顆腦袋」幫他們解決問題，他們會愛死你。

如果你選擇成為一個MONEY WORKER，你同樣必須累積你在相關領域的專業知識。

如果你投資股票，你必須了解這家公司的運作、組織管理、會計報表……當你越熟悉一個公司的管理與業務，你就越容易判斷其管理是否會對財務造成重大衝擊並影響股價。

識人的能力也極為重要，一個公司的管理階層如果不具備好的管理人才，再光明的產業前景與產品，也無法讓你的投資報酬率提升。

如果你投資的是房地產，那麼經驗、資金與談判功力就成為你的致富關鍵。

「投資」並不是一種自動能讓現金流進來的懶人致富術。

相反地，你甚至需要比一般知識工作者花更多時間做全方位的研究。從總體經濟、國際情勢、趨勢判斷、政治角力、公司治理、產品規劃……等都要有所涉略，才能在投資市場裡獲得穩定的報酬。

而最重要的是你必須要有控制情緒的能力。

華倫・巴菲特曾說：「別人恐懼的時候，我要貪婪，別人貪婪的時候，我要恐懼。」

我們綜觀股市裡真正能賺大錢的常勝軍，往往都是有錢的企業家，真正的關鍵，是因為他們歷經企業草創的洗禮，見過大風大浪，歷練比一般的上班族、菜籃族還多更多。加上他們掌握企業界隨時的最新動態，自然能夠精準地判斷何時該進場、何時該收手。

因此，如果你真的想在投資界裡賺進大筆財富，先去經歷一段創業人生，或許更能幫助你精準判斷。

RESOURCE MAKER和SYSTEM WORKER是難度最高，但也是藏有最大財富的致富途徑。

你可以用自身最少的資源，創造最大的績效。

以管理學的角度來看，這樣的效能是極大的。

但一個真正成功的RESOURCE MAKER和SYSTEM WORKER，通常需要經歷過無數次的成功與失敗的經驗，才會累積最大的能量，創造猛暴性的財富。

就像85度C的吳政學，如果不是擁有二十幾年經營連鎖加盟體系的經驗，也不會有成功的上市經驗。

身為一個創業家，你必須具備良好的溝通力、判斷力、執行力、領導力與資源整合能力，你將會度過一段驚濤駭浪的旅程。

可是也因此，你比別人多更多寶貴的經驗。這些經驗將會是你一輩子珍貴的資產，在往後的幾十年，也有可能幫助你創造驚人的財富。

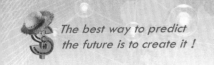

創業不會馬上一開始就讓你賺到錢，但你在裡面所學的事物，將是用錢也買不到的財寶。

無論你的選擇是什麼，收入來源越多樣化越好。

在大環境不景氣的前提下，我們無法準確地預知未來哪個行業會興起、哪個行業會沒落、哪個市場會崛起、哪個市場會衰退。

日本經濟也曾傲視群雄。許多日本企業家甚至能夠大手筆地買下美國博物館內的館藏，但從什麼時候開始，日本已經衰退了二十年，甚至不見好轉跡象，而南韓則已經傲視群雄了？

科技業在台灣也曾經風光一時，帶動台灣經濟成長，但曾幾何時，科技業變成保五保六，取而代之的股王是觀光業旅遊業，最熱門的行業則變成餐飲業？

在未來，生活產業將更加抬頭，看看買下「台北101」的是賣泡麵、賣飲料的「頂新國際集團」，買下「中時集團」的是賣旺旺仙貝的「旺旺集團」，你看到什麼？

要發展多重現金流的原因只有一個：是為了確保你在任何環境、任何景氣、任何狀況下，都可以有穩定的收入。

如此一來，你不必擔心景氣不好時被裁員、不用怕一個人時間有限無法多接工作。

另外，我們可以把投資報酬區分為兩種：

- ★ **一次性收入LINEAR：花一次力氣，只能得到一次收入。**
- ★ **多次性收入RESIDUAL：花一次力氣，可是卻能得到多次收入。**

用勞力換取金錢，雖然是花一次力氣，可是依然有機會能夠獲得一次性的高收入。

舉例來說，演藝圈的模特兒、明星就是。林志玲、蔡依林等人的代言收入，一次就能獲得數百萬。當然她們也是從一次才幾千元的通告費慢慢累積出來的。

但我們要談的觀念是，只要你肯思考如何「創造價值」，仍然可以獲得很高的收入。

用勞力換取金錢，也可以只花一次力氣，就獲得多次收入。舉例來說，作家就是很好的例子。

《哈利波特》的作者——羅琳女士給我們最好的示範。她原先是個失業媽媽，甚至不能算是個「在工作的人」。但她熱愛寫作，把寫作當成她的志業。最後《哈利波特》一炮而紅，羅琳也成為英國女首富、史上最富有的作家。

她花了一次力氣寫作，但是後續的書本版權收入、電影版權收入、各式權利金授權物品，讓她不用再工作，都能擁有源源不絕的收入。

如果是投資者，也可以分為一次收入與多次性收入。

若你是專攻短期的投資者，專做股票差價或是房地產買斷差價的投資者，你的收入來源就是標的物上的價差，這種就算是一次性收入。

但如果你是屬於長期的股票持有人，參與每年的配股與配息，或是長期持有房地產，專門做租賃，這就算是多次性收入。

一般來說，依照投資心理統計學，超過半數的大錢，其實都藏在長期投資裡。但長期投資的資金需求量大，你必須有更大、更多、更穩定的現金流，才能在投資領域賺到大錢。

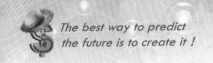

否則短期投資的風險與變數大，萬一碰到短期虧損，很可能讓你喪失精準的判斷力。這會讓你心情起伏不定、焦躁不安。這是你必須衡量與斟酌的。

如果你選擇的是創業，有些人專門成立公司然後賣掉，這種就是一次性收入。

如果你是想辦法經營你的企業，並且創造產品的持續購買力，那麼就算是多次收入。

並沒有哪一種收入會絕對帶來比較高的收益，這一切都取決於你選擇後，是否有優良的經營策略與判斷力。

賺的多與賺的少最大差別，就在於你是否有足夠的經驗。過去的經驗能夠幫助你做好決策。但我也要提醒，很多時候，每跨一個領域，過去的經驗就不再適用。

相反地，此時過去的經驗反而有可成為你的絆腳石。此時，你需要的是一個好的教練。好的教練能夠減少你完成目標的時間，而這就是屬於致富方程式的一部分。

關於致富的方程式，我們會在後續的系列作品與課程中詳細說明。與此同時，也請您上網瀏覽作者之一硯峰的私人部落格，透過本書的解讀，您可以在該部落格得到更多市面上沒公開的致富祕密：http://waynejiyesooyes.blogspot.tw/。（或上經理人滔客誌：http://pro.talk.tw）

5-5 如何打造多重現金流？

假設你是一個沒有太多資源的社會新鮮人，你算好你能自由退休所需的財富是「存款2000萬」，加上日常生活、買房所需的費用是2000萬，那麼你這輩子全部要賺的錢就是4000萬。

你可以選擇先從上班開始累積第一桶金。你應該開始自行判斷，如果靠單一的上班收入，要花多久時間才能賺到4000萬？

如果判斷結果是「不可能」，那麼你要開始思考，累積第一桶金之後，我應該如何使用這筆資金才能發揮最大的效能？或者如何用別的方式賺第一桶金？

禎祥老師有一個學生，大學畢業後工作三年，累積了20萬存款，他後來決定選擇房地產作為自己的致富工具。於是他利用下班時間，用三個月，看了100間房子，然後開始歸納出一點心得。

但台北市的房價太高，不是入門者的他可以負擔的。於是他選擇較為偏遠的樹林地區作為起始點。

但在他進場之前，一樣用了一個月的時間，研究樹林地區的房價、人口購屋特性與產品特質，然後在選定第一間標的物後，向母親借了100萬作為頭期款，開始實質操作房地產的買賣。

六個月後，這間房子讓他淨賺了50萬，等於他用20萬的資金，在六個月內創造了2.5倍的績效，開始了他多重收入的第一步。

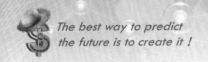

另一個案例，是一個三十五歲的單親媽媽，礙於有兩個孩子要

養，不敢輕易放棄月薪四萬五的工作，這樣的生活在台北要養活兩個孩子，壓力實在非常大。

但她沒有因此退卻，開始思考如何打造第二份收入。她曾經考慮多上夜班工作，也曾想過在假日的時候再多兼兩份差。

有一天她來問禎祥老師，禎祥老師給了一些建議之後，她忽然頓悟了：就算她拚命地工作，在她有限的生命裡，也根本無法致富、退休過好生活。

由於她與孩子們都熱愛美食，但孩子卻十分敏感，只要吃到含乳製品、防腐劑、食材不新鮮或是人工添加物的產品，就會全身發癢。於是這個母親為了孩子，也為了省錢，經常做各式各樣簡單、美味、營養又實惠的料理。她決定開始研究能讓人真正健康的烹飪食譜。

她不是營養師、醫生或任何專業人士，但她卻願意在百忙的生活中，利用時間，全方位學習有關營養與成分的知識，最後考到了營養師證照，甚至還出了書。

她的書推出之後，造成極大迴響。漸漸地，書的版稅加上演講收入，開始可以讓她的生活收支平衡。

於是她計畫再出第二本、第三本書，讓更多人可以接觸到真正健康的觀念。同時，也打造自己的多重收入。

初期，她花了兩年研究營養與烹飪這個領域。雖然時間很緊、生活很忙，還要上班，又要照顧兩個孩子。

她也曾經思考過要放棄，可是每當她出現這個念頭，就問自己：如果放棄了，我會不會後悔？這樣的生活我快樂嗎？

她驚訝地發現雖然很忙，可是心裡卻有一種平安、寧靜甚至富足的感覺，於是她決定繼續堅持下去，也因此才有後來的成就與收入。

你或許會說：「我不懂營養、不懂烹飪、不愛美食、不懂房地產，我怎麼有辦法打造多重現金流？」

關鍵不是你懂或不懂，而是你「願不願意」、「有沒有決心」。

這世界上一定有讓你感興趣與熱愛的事物，甚至，你買最多、花最多錢的地方就有可能打造你的第二收入。

可能是酒、蛋糕、衣服、內衣、書、CD……，你或許從來不覺得這些娛樂或這些事怎麼可能讓你有收入，但一旦你開始「想」，就有可能成為事實。因為「熱情」是你成功事業中非常重要的一個關鍵。

只是有一個很重要的前提，就是你必須真的熱愛並且願意全心投入。

有的人會說：「有興趣不等於能賺錢，當一件事情變成職業的時候，這件事就會變得痛苦了。」

審核的標準只有一個，就是：如果不給你錢、不付你薪水，你還會堅持做下去嗎？

如果「不會」，那你不是真的熱愛這件事。

如果「會」，這才是你應專注的領域。

更何況，請思考一下，你真的熱愛現在手上這份工作嗎？

如果老闆不給你薪水、不幫你加薪，你還會願意持續做下去嗎？

我想超過九成以上的人會回答不願意。

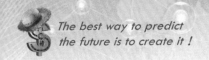

但如果你都可以為了生計苦撐、活撐現在這份工作，又何必怕你真正熱愛的事變成一種職業？

如果你真的暫時找不到把興趣變成收入的管道，我們很樂意向你提供「吃喝玩樂賺大錢」的資訊，讓你邊旅遊邊賺錢，一邊玩一邊賺第一桶金。詳情請上硯峰的Bolg: http://waynejiyesooyes.blogspot.tw/或參閱本書書末之優惠服務，或持本書至「台北市基隆路一段190巷9號」用餐，說明你的需求，我們會有很多朋友招呼你。

5-6 睡覺時會有收入嗎？

這其實就是我們前文所提到，你是付出一次努力、獲得一次收入？還是一次努力、獲得多次收入？

有的人會驚訝：睡覺也能有收入嗎？

答案是肯定的，想想看網拍上那些賣家，在睡覺的時候，有多少人瀏覽過他們的網頁、下標，並且購買東西？

當你睡不著的時候，或許也曾替這些賣家們的收入貢獻過幾分努力呢！

還有，你是不是也曾在半夜的時候逛過誠品、讀冊生活或博客來？買了幾本書？這些作者們，不也是在睡覺的時候，獲得你貢獻給他們的收入？

還有三更半夜肚子餓的時候，你是否曾到便利商店買個豆漿、零食或飯糰？便利商店、食品製造商、飲料製造商的老闆，不也都可能正在睡夢中，賺到你的錢？

你租房子的時候，房東也不需要出現幫你整理被子、打掃家裡，可是你每個月也乖乖自動地付房租不是嗎？

有人常問：「做傳銷能不能睡覺時也有收入？」

這讓禎祥老師想起曾經有某家雜誌媒體訪問他：「請問黃老師，您覺得傳銷是老鼠會嗎？」他笑著回答：「如果我說我是最大隻的老鼠頭，請問你還願意採訪我嗎？」

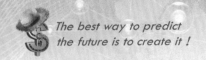

傳銷是門好生意，它是一種被證明成功、有效的創業系統，禎祥老師自己就是靠著多層次傳銷從谷底翻身退休的，只是台灣的教

育模式與真正有智慧的商業思維有很大的落差，才造成許多人誤會或扭曲直銷的精神。

又例如，網路是門好生意，想想看網購崛起之後，打造了多少團購人氣名店？

開一家店在忠孝東路與復興南路，每日經過店門口的人次，可能都沒有網購一天的瀏覽率來得多。但網購的門檻越來越高，你必須要更聰明地行銷，才能打敗眾多競爭者。

所以答案是：睡覺的確會有收入，只是用什麼方式經營罷了！

我們要強調的是，任何生意、任何收入開始時，你都要親力親為，才有可能打造後面「睡覺也有收入」的模式。

當你的第一份收入駕輕就熟，開始準備第二份收入時，你要花百分之八十以上的時間與精力在第二份收入上面。

所有的成功都不是一蹴可幾，有時甚至會經歷很長一段的潛伏期。這些經歷有可能被你視為低潮。但請相信這會是替你第二份、第三份收入做準備。

禎祥老師在年輕時投入房地產領域，在破產之後，他不能理解自己的人生怎麼會這麼失敗？

然後他碰到很多奇妙的人與事，又輾轉到許多國家，最後到了新加坡，開啟多重收入的生涯。六年前他回到台灣，用他學到的新技能再次從房地產領域賺回房產界的第一桶金。

於是，禎祥老師終於懂了。過去的經驗與低潮，是為了讓他學習很多事，是為了讓下一階段的自己，可以做更精準的判斷。

這些失敗是非常可貴的經驗，只要我們從中學習到自己性格上的不足與失敗的原因，並且找到可貴的人才支援你，下一個階段，就可以開創另一個事業的高峰。

5-7 獨一無二的成功事業

我們之前讓你看了三張牌，現在該是掀底牌的時候了：什麼是你獨一無二的成功事業？

你的成功事業是你專屬的、全世界唯一僅有的、沒有人可以偷走或模仿的——只要你願意遵照我們的方式、並認真和我們互動。

你的成功事業必須同時滿足三個條件，缺一不可：

★熱情：你投注最多時間的領域。

★強項：你時間投資報酬率最高的領域，而且極有機會成為領域中的典範。

★經濟效益：讓你保有時間——至少能活下去的領域。

這叫「柯林斯的刺蝟原則」。這邊提供關鍵字，表示你自己可以在網路上了解這個最頂尖的致富法則之一。

刺蝟原則是你成功致富的關鍵之一，在Integrity、聚焦於貢獻與服務、問「為什麼」後，你要找到屬於自己的刺蝟原則。

這是你獨一無二、無可取代的優勢領域，你由衷感到很好玩、很酷、很有實用價值的成功事業。

當你從事你的成功事業，你會感到很開心、很有成就感，而且賺很多錢。

所以，我們要協助你找到自己的優勢領域，在你心中種下很好玩、很酷、又很實用的種子。

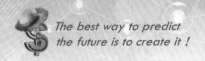

我們要請你畫出三個圈圈，上面一個，下面左右各一個，讓三個圈圈各自都有一部分和其他兩個圈圈重疊，最中間是三個圈圈同

時交疊的部分。

然後在第一個圈圈填上「熱情」；第二個圈圈填上「強項」；第三個圈圈填上「經濟效益」。

接著，請你分別填滿這三個圈圈：

To Think, To Write

你對什麼事業充滿熱情？

你在哪個領域磨練一萬個小時，能達到該領域的世界頂尖水準？

你的經濟引擎靠什麼來驅動？

這三個圈圈可以讓你覺得工作很好玩、讓你成為世界最酷的人、讓你創造出對世界有實用價值的事。

三個圈圈中間重疊的部分，就是你的成功事業——獨一無二的成功事業。

刺蝟原則的三個圈圈可以應用在許多領域。

以《海賊王》的艾涅爾為例，艾涅爾擁有：

★轟雷果實的能力。

★見聞色的霸氣：心綱

★武術。

雖然靠轟雷果實這種BUG般的自然系果實，他的攻擊力、速度、防禦力都是最頂尖的，但他如果只依賴轟雷果實，魯夫也不會陷入苦戰。

正因為他擁有至少三種領域的才華，他的實力才如此雄厚。即便是「新世界」，大概也很少有人能和他匹敵。

你也可以靠著三種領域的融合，發展出只屬於自己的優勢領域。

就如同魯夫結合橡膠果實、武裝色霸氣、三檔一樣，創造出只屬於自己的必殺技「象槍亂打」，其破壞力足以毀滅諾亞方舟！

魯夫很酷嗎？你也可以這麼酷！

再舉個例子。

有許多小女生年輕貌美，身材姣好，不知不覺就被媒體稱為「宅男女神」，並開始接一些模特兒、外拍或通告的case。

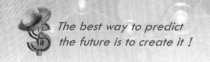

但「年輕貌美」只是這些小女生的其中一項強項，而且會隨時間漸漸消逝。她們若想要事業長長久久，就必須盡快找到其他的強

項，打造出獨一無二的優勢領域。

她們可以學習舞蹈、唱歌、演戲或主持，成為某個領域的藝人，或者從寫作或繪畫等領域著手，成為美少女作家或美少女畫家。而這是她們的第二項強項。

當她們擁有兩項強項時，再添增第三項強項上去，就能創造別人無法模仿的優勢領域。

但是最重要的還是在核心價值觀，與是否Integrity。如果一個女生再美、再有才華，卻無法對社會產生貢獻、傳遞正面的能量，那就只會像商紂時代的蘇妲己一樣，被冠上千年罵名。

再以我們為例：

★ 我們熱愛海賊王，也熱愛房地產。

★ 我們的強項是全世界最頂尖的華文教育訓練，而且都是在實戰中被證明有效的方式，我們善於實戰、建立系統與組織行銷。

★ 我們的經濟效益眾多，我們可以僅靠自己的強項輕鬆賺進大把鈔票，而教育訓練僅僅只是營收的最小部分。

當我們結合所學、結合強項、結合熱愛的事物，這一系列《當富拉克遇見海賊王》就誕生了。

這很好玩、很酷、又很有實用價值。這就是創新，這就是只屬於我們的成功事業之一。

5-8 創新的七個來源

那麼你的機會是什麼？你要怎麼做才能提高自己的競爭優勢？如何成為一個知識型的創業富翁？

彼得・杜拉克提供給我們七個「系統化」創新的方法，這七個方法，無論你用在創業、個人成長、發展第二或第三專長，都會是非常值得參考的指標。

創新當然也需要管理。首先你必須明白自己「創新」的目的是什麼？是為了錢、職涯發展、名譽或是其他慾望，但成功的創新者，應該試著去創造社會和客戶的價值與專注於自己的貢獻。

根據杜拉克的論點，創新不需要艱深的技術或學問，可能只是一點點人們習以為常的習慣上的改變，就是一種創新。

而即使是這種看似微不足道的創新，背後龐大的利益、社會貢獻與商業價值，是我們無法有效衡量的。

身為知識型富翁的你，也一定會從其中獲得啟發：

來源一：意料之外的事件

如果你是上班族，在我們的工作過程裡，有時會有意外出錯的時候，這點技術人員肯定有更深的體會，但有時這些意外可能可以解決一個麻煩的病毒，或是讓人類的生活有重大改變。

最著名的莫過於3M的例子，當初因為不小心調錯了黏膠，因此造就了便利貼上市。

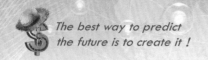

你或許在工作的過程裡，會有意外的驚喜、意外的挑戰、意外

的不開心、意外的升遷……，每一次意外都是你在工作上創新的可能，你得試圖讓自己保持開放的心胸。

如果你想成為知識型富翁，請觀察你所選的產業，是否有「意外的成功」或是「意外的失敗」。

例如，你進入房地產投資的領域，用什麼方法才能讓你的案件意外成功？與眾不同？

某知名部落客以踢爆房地產的黑心內幕聞名，出了好幾本書，結果意外地出了名，同時他所經營的不動產公司，也因其以正直聞名，意外地成功。

因此，你看事情的眼光，如果切中了一群市場上被忽略的客戶，有時會成為別人學習與仿效的對象，這時你就可以打造自己的知名度，以成為他人學習的榜樣。

來源二：不一致的狀況

這個部分包含不一致的經濟現況、認知與實況間不一致、價值與期望間不一致、某個程序的步調或邏輯所發生的不一致，可能是你與老闆工作認知的不一致，可能是你的客戶與你期望的不一致。

舉個例子來說，某家知名的香港外商銀行，在處理客戶房屋貸款繳款的問題，催收人員沒有發現客戶有餘額可以扣款，結果上交聯徵，甚至扣違約。

由於銀行的專業帳戶繁瑣又複雜，造成客戶行員間認知上的落差，若能改善這種不一致的狀況，就能提升銀行的客戶滿意度，進而增加業績。

這是大公司最常遇見的毛病，分工部門過細，僅做自己部分的工作，卻沒有人真正照顧客戶權益，如果你身處在某間大公司，就不得不注意這種狀況！

組織越大，就越容易產生不一致的狀況，就像政府總忘記自己的客戶是小老百姓。

當你發現身邊某些客戶對於某些公司的服務感到不滿，此時就出現不一致的狀況。

誠如前述的例子，有位知名部落客透過踢爆房地產內幕，並且出了一系列房地產領域黑心事件內幕的書籍，替社會產生貢獻，同時也替自己產生營收，其實就是化解房屋市場與客戶間期望的不一致狀況。

同樣的，如果你身處食品業界，揭開食品加工業的真正內幕——比如日本的安部司，或是養殖業的真正內幕……等等，都有可能造就你成為知識型富翁。馬雲的「支付寶」也是其一。

來源三：程序需要

包含一個獨立的程序、一個無力的或欠缺的環節、對目標更清楚的定義、解決方案的規格可以被清楚地加以界定、廣泛的認為應該還有更好的方式。

如果你是一個廚具銷售員，一般的程序是對客戶展示這個鍋子有多好、提供試吃，並且取得客戶認同。但根據我們的觀察，這樣的展示效果非常有限，客戶不一定會買單。

根據調查，大多數的客戶只會有一種感覺：業務員想成交我！

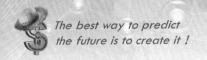

但如果這個銷售員給予客戶的是一個體貼的關懷，關心其健康、日常飲食、體態……等，進而給予協助，這樣客戶願意買單的

比率卻會大大的提升。

或者，你是一個帶隱形眼鏡的客戶，無論對於日拋、週拋、月拋或者長效型的隱形眼鏡，已經感到厭煩，因為除了必須注意清潔問題，還需要注意自己本身的眼睛狀況，但難道沒有一種眼藥水或眼藥膏，可以達到類似隱形眼鏡的效果，又可以避免乾眼症，又能順便保養眼睛？

其實已經有科學家研發出類似的產品，這背後龐大的商機，可謂驚人。

如果你也可以找出生活中許多的產品在使用上的不便利，並加以改良、改造其製成、使用方法，你就有機會變成知識型富翁。

來源四：產業與市場結構

這是外部的環境變化。所有的生意都與這部分息息相關。

當戰後嬰兒潮崛起，食、衣、住、行、育、樂……等，紛紛出現質的轉變，以減肥市場來說，整體金額最少上看數億元，但誰是你的客群？

哪一種方法是真正能夠「創造客戶」並獲得高成長的方法？

減肥從最早的平面廣告、電視廣告的運動器材與減肥藥品，到中期的媒體置入性行銷賣產品，到後來由政府衛生單位主導全民減肥，市場的結構與民眾對減肥的觀念快速變動，如果還是用傳統的行銷手法，便容易在這市場結構中翻船。

在高房價的時代，有一群人真的很渴望買房，他們有固定收入，可是卻無力負擔高漲的房價，你有沒有想到某些方法，可以提供房屋給那些有一定經濟基礎，但卻仍不足以購屋的人？

老年化時代的來臨，你曾經想過到底這群金字塔頂端的人群，他們究竟需要什麼樣的服務？

有機店的崛起，正好切中這塊市場結構的變化，但除此之外還有呢？從前面談到的戰後嬰兒潮，這些人的食、衣、住、行、育、樂……，將會是未來產業與市場的新趨勢。

但對於那些「三明治」族群呢？有什麼方法可以解決這些人上有高堂、下有妻小的經濟與情緒壓力？

誰可以解決這些問題，誰就可以在其產業有所斬獲。看國際旅展、旅遊業的未來，你可以看出什麼嗎？

來源五：人口統計資料

當現在台灣的社會出現高齡化、出生率大幅下降、單身貴族、小資女孩紛紛崛起，市場的屬性也截然不同。只要抓對一塊自己的客群，生意就是你的。

《小資女孩向前衝》這部戲，反應很多真實的人口變化。

人口統計有時看的不單單是一個人數的變化，包括薪資結構、興趣偏好等都包含在裡面。

因此當人口統計發生變化，如果你是業務員，你可以透過觀察生活中周遭事件的演變，找到屬於自己的客群。

來源六：認知的改變

消費者的認知，是不斷變化的。

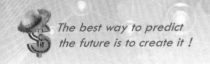

舉例來說，消費者對「瘦」的定義，從早期的體重數字，到現在越來越多人重視「BMI」、「體脂肪」、「腰圍」……等。隨著

知識的增長，消費者對瘦身的認知也隨之不同。

就像如新公司研發出基因抗老、基因瘦身減肥，又贊助台北101煙火，有時也舉辦世界大師來台，都讓其業績、股價高漲。

如果你是創業家，你就必須更了解客戶的腦袋在想什麼。

相同的，在一家公司裡，也會有許多「認知」上的改變，如果你是上班族或一般行政人員，忽然間，老闆有可能調整行政工作，要行政人員也支援業務工作，此時你的準顧客對你的工作認知，已經產生了變化。你就要適時調整自己的心態，因為你的老闆就是你的大客戶！

來源七：新知識

新知識的創新，是創業家的最高靈魂。如果你是員工，這也是你在職場最大的利器。

許多研究顯示，擁有兩樣以上專長的人，職場競爭力較一般人還高。意思也就是說，這是一個需要兩項專才以上的年代。如果你是工程師，有豐富的技術背景，又擅長溝通協調，則你將比別人更有機會獲得加薪或是升遷！

跨領域的結合，只要能融會貫通，就可以創造驚人的績效。

5-9 左右自己的命運

其實，無論你身處在哪一個環節、選擇哪一種賺錢方式，我們大多數人已經都屬於「知識工作者」。而在彼得・杜拉克的觀點裡，知識工作者是可以透過不斷學習讓自己效能提升的。當然，這也包括你的賺錢效率。

這一切都是你可以選擇的，但不論你的決定是什麼，不要讓他人左右你的生命、偷走你的夢想。

我們看過太多為他人期望而活的人。

為了父母要考上好學校、為了養家要選一份安全穩定的工作，為了升官加薪，再不快樂的工作都要努力撐下去。

不！你是可以有選擇的！

如果你不喜歡整天關在辦公室裡，那你可以試試看不一樣的領域。

如果你厭煩了創業的驚濤駭浪，那麼你也可以選擇投資別人，讓別人去驚濤駭浪。

你所有選擇都只是一個過程，只要你知道自己最初和最終的目的是什麼就夠了。

當你找到你熱愛的領域，你就會願意花時間去研究。你可以思考如何把熱愛的領域，結合到你現在的工作上。

當你找到你的強項，你要靠著自我管理，在相關領域磨練一萬個小時，你就能成為該領域的典範，達到世界頂尖水準。

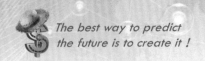

當你能結合興趣、天賦專長，又想出讓大家都能贏的遊戲，你

就可以準備開始進入下個階段：建立團隊。

感謝耐心翻閱到此處的你！
從事你熱愛的工作！磨練你天生的強項！
想出一個大家都能贏的獲利模式！
你就能創造出很好玩、很酷、又很實用的遊戲！
祝福你擁有豐盛、富饒、恩典滿滿的生命！
Fighting！Fighting！Fighting！

Chapter 6

投資自己

The best way to predict the future is to create it！

最好的投資，就是投資自己。知識越多，財富越多。

華倫・巴菲特

有一部機器，只要受檢測者把頭伸進去，就能測出受檢測者的IQ。

某天，約翰、湯姆和麥可三位朋友相約去測試自己的IQ。

約翰把頭伸進去，機器顯示：80。

湯姆和麥可哈哈大笑。80實在是很低的數字。

接下來湯姆把頭伸進去，機器顯示：60。

麥可笑得更大聲。他心想：我一定是三個人中IQ最高的。

麥可自信滿滿地把頭伸進去。機器顯示：請不要把石頭放進去。

約翰與湯姆哈哈大笑。

麥可不服氣，發憤圖強，歷經十年，考上名校、拿到文憑、考了十張證照，再度自信滿滿地把頭伸進機器裡。

這次機器顯示：請不要把一顆被訓練過的石頭放進去。

你在學校會花很多時間，學很多東西。

但這些東西通常不好玩、不酷，也不怎麼有實用價值。

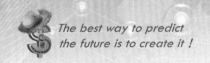

你若想要學習，就要找對方向。更多時候，選對方向比盲目努

力更重要。

你要找到你熱愛的領域，投資時間在上面。

你要找到你天生的強項，投資時間在上面。

你要練習思考如何創造一個大家都能贏的遊戲，建立一個自動化的經濟引擎，投資時間在上面。

「時間」是你最珍貴的資源，而「大腦」是你最珍貴的資產。

如果你想學會把一塊台幣變成一百萬的魔術，你必須常常把你最珍貴的資源，投資在你最珍貴的資產上。

而這項投資，是每個人都可以進行的。你不需要先有什麼一桶金、什麼畢業證書、或是什麼高貴的身分。

這是最免費、而且投資報酬率最大——而且是無限大——的投資。這簡直是暴利。

投資自己有兩種方式：

★學習——知識吸收。

★思考——知識內化。

你兩種都要使用。

就像吃飯一樣，你一定要「進食」，當然也要「消化」，把食物變成自己的營養。

你若要快速成長，唯有投資自己一途。

你投資自己的時間越多，你的「搬錢」能力越強。因為你知道要怎麼做。你要活用你的腦袋，不是死背資料。

禎祥老師從負債千萬，到建立萬人團隊並且退休，中間只花了四年。

其中三年，他全部花費在學習上——向全世界最頂尖的大師群學習。剩下一年，用在實踐向大師所學的智慧，把所學的東西用在市場上。

為了證明他自己的方式是有效的，在退休後，七年前他從新加坡回到台灣，只帶了象徵性的一塊錢，打算用來開辦一家企業。

他成功了。一塊錢、一千塊、一百萬、三百萬、數千萬、數億，只用了短短數年的時間。其品格與聲望讓他在拉斯維加斯最高級的餐廳用餐時有人願意付錢買單、在搭私人飛機環遊世界時有人願意免費出借。

羅伯特・艾倫也為了證明自己的方式是有效的，於是他做個測試：他要在三天內，在美國舊金山買到一棟房子並且獲利，而他的資金只有一百塊美金。

他成功了。不到三天的時間，他用一百美金，買到七棟房子。

這些人到底做對了什麼事、才能變得這麼好玩、這麼酷？

我們正在教你這些祕訣：

★你要了解你自己。

★你要Integrity。

★你要聚焦於貢獻與服務。

★你要問「目的」。

★你要找到你的優勢領域。

★你要投資自己。

全世界投資報酬率最大的是投資自己。

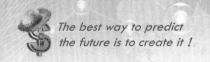

投資股票、投資房地產、投資期貨、投資境外金融，你可能有

辦法計算出足以量化的投資報酬率。

但是投資自己的投資報酬率，是無限大的。

這並不代表你要盲目補習、你要盲目去考證照、你要盲目去上什麼講師課，不用。

你要知道你自己要什麼，所以才要問你：你是誰？

你若知道自己是誰，你一定知道自己要什麼、目的是什麼？

你所要的，一定是你衷心所期盼的，你才會努力追求。

如果你要的，其實是你父母要的、是你師長要的、是你上司要的、是你伴侶要的，你多半不會努力追求。

許多人常說：我爸媽希望我當醫生，所以我去當醫生。這種人對自己不Integrity，也對父母不Integrity，窮一輩子是理所當然的事。

當你知道你的目標後，你才有動力去追求。而投資自己，是最快的方法。

投資自己是全世界最好的投資，其次是投資伴侶，第三是投資夥伴。

你的伴侶和你的夥伴，是你「成功五大關鍵」之一。

而你若願意投資自己、而且跟有真材實料的教練學，你會了解到「成功五大關鍵」是什麼，在後續的章節和作品會開始一一介紹「成功五大關鍵」。

從投資自己的角度來看，「成功五大關鍵」是屬於學習，屬於知識吸收的部分，如果你平常沒有養成思考習慣，吸收再多的知識也沒用，充其量只是「瀏覽」。

就如同前面幾個章節，如果你不去思考Integrity、不去思考貢獻與服務、不去思考「為什麼」、不去思考優勢領域，就算你學再多致富的方式，你也只是在「瀏覽」而已。「知道」不代表「悟到」，也不代表「做到」和「得到」。

「思考」是你最強的武器。「思考」是為了消化「學習」而來的知識，為了去實踐所學，把別人的東西變成屬於自己的東西。

而「學習」是一種彰顯，它會讓你的「思考」有所價值，有助於擴大「思考」的深度與廣度。

可惜的是大部分的人「不知道」自己「不知道」，這就成了「思考盲點」。

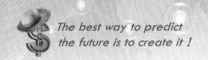

6-1 成為內外兼修的武林高手

如果說「學習」是外功，那「思考」就是內功。

就像張無忌。他學了九陽神功，只是內功。

只是他學的是最頂尖的內功，所以就算沒什麼招式，實力仍然雄厚。直到他學了乾坤大挪移，他才能彰顯他深厚的內功。他學了最頂尖的內功和外功，才能在光明頂勇戰六大派，所向披靡。

但那也是因為張無忌聚焦於貢獻——先基於良善的意念，而學習醫術，再基於良善的意念，在自己落難之際用醫術醫治初識的大白猿，最後得到九陽神功的副本。

九陽神功不一定是他的天賦強項，卻是天下最頂尖的武學。

他心無旁鶩，在山谷中專心修練九陽神功，磨練、磨練、再磨練，一萬個小時的修練，使他擁有天下高手難以企及的深厚內功。他有了足以內化其他功夫的能力，再學原本非常難學的乾坤大挪移，從而名列天下高手之一。

最後他又學了太極拳，終於創造出屬於自己獨一無二、絕無僅有的優勢領域——連張三豐都無法習得的獨特武學。

在金庸系列中，太極拳和乾坤大挪移都是最高等級的武學，並非一蹴可及，但有九陽神功加持，張無忌皆在不到一天之內就學會基礎；並立即用在實戰上。

你想和張無忌一樣酷嗎？

那你必須要有深厚的內功——思考、分析、判斷。你越習慣思考、越習慣運用大腦，當你一學到新知識、正確的知識、深奧的知識，你才能馬上運用、變成屬於自己的東西。

當然，你必須內外兼修：既有最強的思考能力，又要不斷的學習新知識，而且是正確的新知識。

把以上這個比喻，拉到現實，張無忌就像李連杰一樣。李連杰沒念過什麼書，但是常常逼自己思考，當他接觸新的環境、新的生活型態時，他就可以參透許多念很多書的人都無法參透的道理。

現在，我們要增加你思考的頻率。

成吉思汗的繼承人窩闊臺，公元哪一年死？最遠打到哪裡？

你可能會想：這是什麼問題？

當然，這種上網就能知道的答案，全世界大概也只有台灣的學校想得出來。因為這些所謂的「學者」，他們從未思考過：出這種考題的「目的」是什麼？是學「不會想、不會做、不會用」嗎？

你要破壞這種填鴨式教育帶給你的死背模式，轉成真正的思考模式。

所以我們要請你填寫美國高中的考題：

成吉思汗的繼承人窩闊臺，當初如果沒有死，歐洲會發生什麼變化？試從經濟、政治、社會三方面分析。

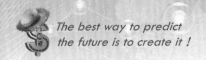

To Think, To Write

然後是日本高中的考題：

日本跟中國100年打一次仗，19世紀打了日清戰爭（我們叫甲午戰爭），20世紀打了一場日中戰爭（我們叫做抗日戰爭），21世紀如果日本跟中國開火，你認為大概是什麼時候？可能的遠因和近因在哪？如果日本贏了，是贏在什麼地方？輸了是輸在什麼條件上？請分析之。

To Think, To Write

同樣是高中生的考題，難度卻高了不只一個層次，是不是？

因為這是「思考」，不是「死背」。

你發現到為什麼日本人和美國人這麼有創意的原因嗎？

你還在死背英文單字嗎？我們誠心建議你丟了吧！來試試我們的考題：

日本跟中國100年打一次仗，19世紀打了甲午戰爭，20世紀打了抗日戰爭，21世紀如果日本跟中國開火，你認為大概是什麼時候？可能的遠因和近因在哪？如果中國贏了，是贏在什麼地方？輸了是輸在什麼條件上？所以要打嗎？能打嗎？有無更好的策略？請分析之。

To Think, To Write

接著，我們要給你一個非常好玩、非常酷、非常有實用價值的問題：

如果你只有一百塊錢，你要如何把它變成一百萬？你有多少種方法？

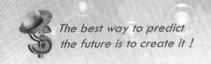

To Think, To Write

如果你只有十萬塊，你要如何在一個月內買到一棟台北的房子，並且獲利十倍以上？

To Think, To Write

即使你竭盡所能，也可能沒辦法回答出這兩個問題。這很正常。因為你的思考能力不夠強，即使致富最關鍵的祕密已經在前面幾個章節和你分享，你也無法變成自己的東西，也想不到要怎麼做。

即使你動用你全部的人脈，他們也可能沒辦法幫助你回答這兩個問題。因為你並未生長在那樣的環境，你周圍的人也沒有思考這種問題的習慣。

即使是富二代，可能也想不出這種問題的解答。

俗話說，富不過三代——如果富二代沒有Integrity、沒有聚焦於貢獻與服務、沒有問對問題、沒有找到自己的優勢領域、沒有努力思考再思考——富不過三代是理所當然的事情。

但是如果你Integrity、聚焦於貢獻與服務、問對問題、找到自己的優勢領域、努力每天思考再思考，假以時日，你就能像杜拉克家族一樣，富達五代。

如果你保持每天思考的習慣、學習最頂尖的思考技術、學習最強的搬錢知識，持續一萬個小時去修練，上述兩個問題，你就能想出千百種方式來解決。

杜拉克之所以高齡九十五歲還能擔任國際顧問，回答全世界最棘手的許多問題，就是因為他始終保持思考和學習的習慣。

公園裡，我們都曾見過許多老人家在玩象棋、玩麻將，也是為了保持思考、避免老化。

保持思考，活到老學到老，是你避免老年癡呆症的唯一解法。

你至少要做到這樣的程度。

很多時候，許多人太盲目賺錢，卻忘記觀察市場、觀察自己生活周遭朋友的生活模式、觀察自家父母親的需求。

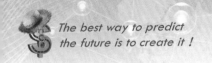

很多時候，這正是龐大市場的所在。

思考是一位知識型富翁的致勝武器。

多觀察、多思考，只是一個想法的轉變，你也會成為改變社會的富翁！

感謝耐心翻閱到此處的你！
保持每天學習！活到老、學到老！
保持每天思考！思考如何解決你遇到的所有問題！
祝福你擁有豐盛、富饒、恩典滿滿的生命！
Fighting！Fighting！Fighting！

Chapter 7

成功的五把鑰匙

The best way to predict the future is to create it！

當機會呈現在眼前時，若能牢牢掌握，十之八九都可以獲得成功並能克服偶發事件。至於那些替自己找尋機會的人，更可以百分之百獲得勝利。

美國鋼鐵之父——安德魯・卡內基

前文談到了許多致富的關鍵，然而，要打造一個多重收入的現金流，不如想像中的這麼簡單。

致富計畫的核心精神，首先就要打造大量的「現金流」。

無論是大筆一次性現金流或是多次現金流，總之，你每個月的收入，最少都要能負擔房產支出的兩倍以上才會比較安全。

更簡單地說，現金流量越大越好。

要打造大量現金流的方法，「創業」不失為一個好途徑。

創業比起當上班族，更有機會開創大筆而穩定的現金流。

但創業不是一件輕鬆容易的事，這也是為什麼新成立的企業有五成無法撐過一年、三成無法超過兩年、僅有不到一成足以撐過創業維艱的時期。

如果你決定靠創業，打造現金流，那麼以下的公式一定要牢記：

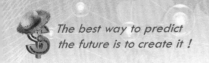

好產品＋好行銷＋好夥伴＋好教練＋好配偶。

這是禎祥老師人生中其中兩個重要的導師，屈特與賴茲所提出的。

根據他們的說法，一個產品、服務要上市成功，創造現金流並且賺錢，這五個關鍵是非常重要的。

如果五個之中能有三個，就已經能站在一定的基礎上。

如果可以有四個或五個，那麼成功的機率就非常大。

7-1 好產品

好產品是必要關鍵，好的產品才能真正改善人類的生活。而且所謂的「好產品」必須是具有「獨特賣點」的好產品。

具有獨特賣點的產品，會讓產品比較好賣。獨特賣點的產品可以是引領先鋒的劃時代產品，也可以是舊產品再創新的產品。

舉例來說，現在全世界都在瘋「幹細胞」，但幹細胞的費用動輒需要數十到數百萬元之間，不是一般人可以花得起的。

於是就有公司推出一種啟動體內幹細胞活性的營養品。姑且不論它有沒有效，但這是市場上所沒有的，並且具有獨特性。

另一種產品則是智慧型手機加上讀卡機。

智慧型手機是原本就已經存在的產品，悠遊卡、讀卡機也是已經存在的產品。

把智慧型手機所擁有的智慧功能，包含看電視、聽音樂、上網、玩遊戲、打電話、發簡訊……等，再加上悠遊卡的感應功能，變成房門鑰匙，再加上讀卡機，一機享有多重效果，或許還可以再加上投影機與遙控功能，也是好產品的例子。

或許你會說：天啊！這些產品都需要投注大量資金與技術，我沒有這些資金、也沒有這些背景，我無法擁有這麼好的產品！

但在我們的生活周遭裡，處處都有這些產品的存在，只是你有沒有注意到。

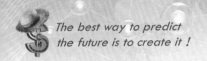

愛因斯坦曾經說過：「想像力與複利是上帝給人類最好的禮物。」而你有一個充滿想像力的大腦，你可以隨意組合有創意的產

品。

以門檻最低的賣冰來說，約莫十年前有業者把中式的挫冰與西式的冰淇淋組合在一起，變成新的冰品，結果造成一股風潮。這並不需要特別的技術，就只是一個idea而已。

還有人把傳統圓形的紅豆餅變成正方形、三角形在賣，裡面的內餡換成鮪魚起士、巧克力等西式口味，也只是一個創意，就造就了一門好生意。

再以我們公司為例，我們藉由與人合作，將迷你廚房引進公司，藉由這套全新的廚房設備，讓公司夥伴可以吃到100%水果製的健康冰淇淋、無油煙的健康料理等。我們擅用這個好產品，把家的感覺帶到公司，也讓公司夥伴保持健康的身體。

禎祥老師的教練因此說：「Money is an idea.」金錢、財富就是一個簡單的想法而已。

把不一樣的東西組合在一起，就可以有意想不到的收穫！

就算你是個生活簡單的人，你也可以藉由前面的章節，來創造自己的「獨特賣點」。

或者你所認識的人，或你認識的人的朋友，總會有些人是有創意的，或許他們的手上正有你需要的好產品，不妨找他們聊一聊。

但要成功地選擇一個產品，還有一個很大的祕訣，就是你自己必須打從心底熱愛這項產品。

唯有你自己先愛上你的產品，你的客戶才會跟著你一起愛上它。唯有你真心相信你的產品可以改變人、幫助人，替他人帶來快樂與價值，你的產品才會旋風式地感染他人。

如果你自己不愛這項產品，客戶會感覺得到，接下來可能會有一連串的問題等著你去解決。

這是行銷背後，沒人會告訴你的祕密。

因此，快去選一項你熱愛、並且具有獨特賣點的好產品吧！

現在請你列出，你熱愛什麼產品？你的產業有什麼獨特賣點？你自己有什麼獨特賣點？

To Think, To Write

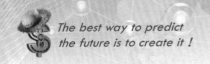

7-2 好行銷

世界上，每五分鐘就有一個足以改變世界的產品問世，但是又隨即隕落。

因為好產品很多、很容易被超越，但是會頂尖行銷的人太少。

行銷與業務是唯一能把錢搬進來的部門，其他的財務、研發、人事、生產……，通通都是把錢花出去。

因此，一個公司行銷與業務好壞，幾乎已經決定了這個公司的命運。有很多人深愛自己公司的好產品，但「愛用產品」與「經營事業」是兩回事。

所以，當你選定一個好產品，你就要開始制定詳細的行銷計畫。

雖然拿破崙曾經說過：「沒有一場勝仗是按照原有既定的計畫打贏的。」可是拿破崙在每一次打仗前，反而更認真地布局。因為在計畫與布局的過程裡，可以找出許多我們平時沒有注意到、卻至關重要的細節。

擬定行銷方案有幾個方向，你要問自己：

★誰是我們的主要顧客？

★誰是我們的次要顧客、支援顧客？

★我的業務是什麼？

也就是說，你要如何替你的產品找到對的客群，切入正確的市場？

彼得・杜拉克常說：「所有顯而易見的答案，往往不是正確答案。」所以一般的答案，往往不是真正的答案。

很多時候我們擬定行銷方案，往往像亂彈打鳥，無法集中在一個焦點客群上，但如果你要產品賣得好，應該先選一個主要市場來經營。就像拿破崙鎖定一個敵人，他不會同時去攻打兩個國家一樣。

先專注在你所聚焦的主要客群上，會幫助你更有效能。

接著，在接觸主要顧客的同時，你也要順便察覺次要顧客。

這些次要顧客可能會影響主要顧客的決定。

例如你是一名汽車業務員，你的主要客戶是一個身為上班族的父親，但是他的老婆、孩子、其他朋友，可能都是影響他買車的關鍵，這些人就是你的次要客群。

幾年之後，或許他的太太、小孩、其他朋友也都有了購車需求，這時候就也有可能變成潛在客戶。

客戶不會一成不變，隨著科技、生活水準、經濟環境……等的諸多變動，客戶的數量、年齡、群體大小也不斷改變。因此，你必須隨時注意客戶購買習慣的改變，行銷預算才能有效地發揮其效力。

就像早期許多廠商會花大筆資金投入電視廣告、看板等。在早年電視只有三台的時代，廣告要被看見是非常容易的。

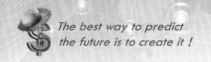

但隨著網路興起、智慧型手機的盛行、電視台數量越來越多，需要灑的錢是以往的數倍，卻不見得有以前一半的效果。因此，許多廠商開始轉往部落格行銷、社群網站行銷等，這就是隨著時代變

動而產生的行銷方案。

行銷是很靈活的，唯有不斷地調整行銷計畫，才能獲得更大的收益。

現在請你思考，如何為你的產品、或是你自己設計一個最佳的行銷計畫？

To Think, To Write

7-3 好夥伴

好的創業夥伴，是你創業是否成功重要的一環。

禎祥老師三十五歲破產那年，如果他沒有找到一群好的新夥伴，他也無法這麼快就翻身；但也因為他在台灣時，身邊是一群無法幫助他的舊夥伴，所以他決定離開台灣。

生命中有很多人可以幫你完成夢想，也有很多人會偷走你的夢想。

禎祥老師的教練曾經要他寫下身邊每天與自己相處最久的六個人，還有這些人的收入與生活狀況。

當時他正處於人生低潮，當他寫下他在台灣這群最親近的朋友與收入，禎祥老師下定決心離開這個傷心之地。

因為這六個朋友裡，有的因賭負債、有的負債之外還會花錢買醉……，他的教練說：「這些每天與你相處的六個人，就是你未來生活的寫照。」

這不是他要的人生，所以他乾脆離開這些舊友、離開這個環境。

硯峰很早就清楚明白這個道理，所以在他學習的過程中，拒絕參加同學會、甚至連家庭聚會都很少出席。因為他知道，這些親朋好友的思想和文字，足以成為他達成夢想的絆腳石。

儘管他知道他們說出的都是出於善意的建言，但他知道這些人沒有親身實務的經驗，因此他沉重但堅定地離開這種環境。

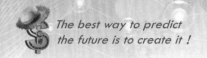

即便是現在，他也拒絕和充滿負面能量、思想和文字的舊友接

觸，因為他從富拉克的課程中體會到，這些負面的思緒對一個人的生命、生活、生計品質有絕大的毀滅性。

好的夥伴可以彌補你的不足，因為你不可能十項全能、什麼都做。就像魯夫落海時，需要有會游泳的夥伴救他一樣。

你的好夥伴可以幫助你、提醒你、激勵你，與你一起分擔創業過程中的高潮迭起。

比爾・蓋茲創立微軟初期，有一個很好的夥伴叫做保羅・艾倫，保羅・艾倫在創辦微軟初期給比爾・蓋茲許多鼓勵與支持。

即使後來保羅・艾倫因故沒有繼續留在微軟，比爾・蓋茲還是很感謝保羅・艾倫。微軟上市後，股票還是照樣給他。如果沒有當初的保羅・艾倫，也不會有後來的微軟。

好的夥伴會有共同的信念、共同的目標，也會有共同的願景。

禎祥老師三十五歲翻身那年，在新加坡碰到一群好夥伴。把他們緊緊綁在一起的，是為了一個使命——為了建立一個讓所有人能在裡面學習、成長、賺錢的組織——所以他們才集合在一起。

如果沒有這樣的願景跟使命，這些人很容易就各奔東西。

建立在金錢上的夥伴，是不會長久的，因為一旦錢、利益消失，夥伴關係就宣告終止。

但建立在使命、願景的夥伴卻可以長長久久。即使後來不再一起創業了，還是可以成為很好的朋友。這種好夥伴的價值是無可取代的。

好夥伴會把使命與任務放在第一、團隊放在第二、個人放在第三，這是一個團隊、一個組織是否能夠順利運行的關鍵。

你的好夥伴要能夠願意和你一起坐下來定規則，並且你們同時願意遵守這些規則。

當你的核心夥伴都願意做這件事，成功的機率也大為提升。

當魯夫首度出航時，他的目標非常明確，就是：找一群好夥伴，然後進入偉大的航道。

他知道憑自己一人，是無法克服所有難關的，因此他懂得在迎向挑戰時，先聚集一群志同道合的好夥伴。

現在請你列出，你想讓你身邊哪些人成為你的好夥伴？如果沒有合適的人選，你夢想中的好夥伴應該具備什麼樣的特質？和你有什麼樣的合作關係？

To Think, To Write

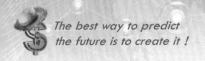

7-4 好教練

如果你要攀登玉山，你就非得找爬過玉山的教練來帶領你。

否則你隨便問一個人：「玉山山上的風景如何？」如果他沒親身經歷過，對方可能會告訴你：「照片看起來很漂亮啦！可是我看你還是不要去好了。上面很危險，很冷很高又不舒服，你沒事爬什麼玉山啦！」

這樣的對話是否很熟悉？

當你告訴你的親人、朋友說：「我要創業，轉換跑道。」他們是否曾經說過：「創業風險這麼大，你好好上班就好了，沒事創什麼業。」

很多人都是用一般人的意見、一般人的見解來規劃自己的一生，卻從未想過可以請教真正有成功經驗的人。

想想你這一生讓一般人替自己下了幾個足以影響一生的決定？而這些人是否真正到達某個領域的巔峰？如果沒有，你為什麼要聽他們的話？

教練是有分等級的，教練的等級會決定選手的表現。

如果一個教練沒有拿過世界金牌，他怎麼有辦法教你如何拿到世界金牌？

如果你的目標是要拿世界金牌，那麼你為什麼只去請教拿區域金牌的教練呢？

如果當初禎祥老師沒有在美國親眼看見世界級的教育訓練水

準，並且與這些暢銷書作者、老師們共同合辦過活動，他就不會有今天的國際觀和充滿感恩的生活。

如果你願意敞開心胸接受真正好教練的帶領，你致富的路徑就會順暢許多。

成功有兩種方法，一種方法是用自己的方法，另一種方法則是用已經被證明成功的方法。如果是你，你要選擇哪一種呢？

如果你要諮詢意見，最好的方法，就是找頂尖的教練。就算找不到，也不要隨意去詢問平凡人的建議。

禎祥老師有一位教練，跟他說了一個故事，這個故事對他的影響很大。

這位教練說：「如果你的朋友到你家去做客，你很熱情地拿出水果、好茶招待，甚至親自出馬燒一桌好菜來請這位朋友。臨走之前，這個朋友跟你借了一根棒球棒，然後把你家所有的花瓶、玻璃、桌子全部砸爛，接著又用刀子劃破你家的沙發，還在你房間的床上撒了一泡尿，請問你會讓這個人走嗎？」

禎祥老師當時憤慨地回答：「當然不會。」

這位教練接著說：「可是你想過嗎？試著把你的腦袋當做你的家吧！你每天讓多少負面的聲音進去蹂躪它，你知道嗎？你的頭腦不比你家的沙發、桌子貴重嗎？可是你卻輕易地讓這些人扼殺你生命的潛能！你覺得是你的腦袋比較重要？還是你的沙發、家具比較重要？」

聽完這個故事讓禎祥老師大大地震驚。

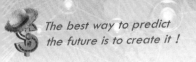

三十五歲那年他失敗的時候，有許多人嘲笑他說：「唉唷！別

傻了啦！負債這麼多，要翻身？不可能啦！」

甚至連最親的親人，都會這樣告訴其他人：「離他遠一點，不然會被他拖累。」

但是在這個時候，他人生中的貴人、好教練，不斷地提醒他、鼓勵他：「失敗是成功的一部分，你還年輕，找對機會，還有很大的機會翻身。」、「這沒什麼，我當初也是破產，可是就是因為破產，才讓我有今天的成就。」

禎祥老師因為他們的鼓勵、遵循他們教的方法，短短三年內翻身、退休，跌破許多人的眼鏡。

如果沒有這些好教練，就不會有今天的他。

找到二到三個頂尖的教練，會是你這輩子最明智的投資。

選擇好教練有幾個方法，在此提供給大家：

★結果論英雄：你的教練是否在某些領域有非凡的成就？而這些成就同時也是你渴望達到的？

★價值觀：有的教練達到現在的成就，可是卻是用人生的其他部分換來的，他或許有錢，卻出賣了良心和健康，這是你要的嗎？

★真誠：有的教練教你，只是為了滿足自己的舞台慾望，他並不是真正願意傾囊相授，他是否真心誠意地教你，跟你未來的表現將會有很大的關係。

★言行合一：他教的跟他做的是否一致？唯有言行一致的人，可以傳授給你他真正用過的實務經驗。否則有可能到頭來只是向一隻受過訓練的鸚鵡學習罷了。

測試一個教練最簡單的方法，就是問幾個關鍵問題。

太多所謂的成功課程、成功人士，他們教的都是他們「成功」的時候在做什麼，但其實真正最重要的是：這些人在人生低谷的時候，大腦裡想的是什麼？

所以這幾個問句，就是你必問的關鍵：

★ Q1：你花多久時間賺到人生第一個一百萬？

★ Q2：你用的是什麼方法？

★ Q3：請問這個方法現在還適用嗎？

★ Q4：你在人生低谷的時候想的是什麼？

這幾個問題，能夠幫助你釐清很多迷思。

有時候教練的方法現在已經不適用了，因為最好的時機點已經過去了，就像你現在無法再建立一個微軟或亞馬遜一樣，因為所有的市場條件都已經與當初不同了。

再回到海賊王的例子，魯夫的精神教練是「紅髮」傑克，他希望成為像傑克那樣捨身為他人的偉大海賊，因此許下當海賊王的宏願。之後當魯夫落難時，仍有人因為魯夫的信念與品格，願意在他最低潮時給他最成功的資源，那就是海賊王的副船長──「冥王」雷利。

我們都很欣賞雷利這位大人物，他作為魯夫實質上的教練，真誠地為魯夫貢獻一己之力，在他的弟子再度出航時，他親自為魯夫抵擋海軍進犯，並且為他的弟子流下驕傲的眼淚。

你若要找一位好教練，這位教練至少要像雷利這樣真心地為弟子著想，你們彼此才會成為良師益友。

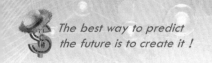

現在請你列出，你的教練有哪些人？如果你目前沒有一個好的教練，你想讓哪些人成為你的教練？你的教練應該要具備什麼樣的特質？為什麼這些人願意成為你的教練？

To Think, To Write

7-5 好配偶

如果你有一個好配偶，恭喜你，這真是好幾輩子修來的福氣。

配偶之所以重要，是因為他會深切地影響你的潛意識，而你每天要跟這個人相處、同床共枕過生活。

如果你的配偶是個負面思想的人，跟他在一起久了，很有可能你也變得消極；但相反地，如果你的配偶是個樂觀、積極、有活力的人，無形之中你也會深受影響，變得越來越有活力。

好的配偶會支持你、鼓勵你，即使在歷經低潮時，陪你走過風風雨雨，這樣的力量對一個創業的人來說，是非常重要的支柱。

但如果你的配偶總是對你落井下石，則你致富的力量將會受到阻擋。

在此，我們也奉勸當配偶的你或妳，給予另外一半全面支持是非常重要的。

如果你有意見要告訴你的配偶，請記得用對方能接受的方式溝通，並且避免釋放負面的情緒，否則只是在扼殺對方致富的潛力，對彼此一點好處也沒有。

所以，學習如何成為彼此更重要的環扣，是成為好配偶的重要課題，也是一輩子的修練。

記得聖經上如何記載「賢德婦人」的嗎？男人也可以參考，作為借鏡。

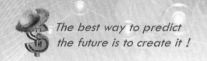

To Think, To Write

如果你目前單身，請你試著列出你理想中的配偶應該具備什麼樣的特質？

如果你已婚，你的配偶是否是你的祝福？你是否是你配偶的祝福？你們是彼此扶持？還是彼此落井下石？你們要如何讓你們的關係最佳化？

以上這五把成功的鑰匙，湊齊三把，成功的機率就會大幅提高，如果湊齊四把，那十有八九會成功。

成功絕非偶然、致富絕非巧合，每當我們翻開這世上許多成功人士的種種事蹟，就可以從中找出一些端倪，印證我們所學所授的是正確的。

彼得・杜拉克說：「預測未來最好的方式就是創造它。」我們們藉由不斷的學習、創造成功的鑰匙、磨練自己的優勢領域、不斷地問「目的」、最重要的是嚴守核心價值，最終擁有今天的小小基業。我們想說的是：你也可以跟我們一樣，在很短的時間內，用良善、正確的方式來創造績效，成為「明智的億萬富翁」，這不代表你會賺很多錢，而是你會喜歡你自己，並逐步創造你想要的生活。

也許你讀了本書後，你需要更多的學習與磨練，但也許你可能不知不覺已經湊齊了一些成功的關鍵，只差臨門一腳。

我們希望創造更多「明智的億萬富翁」。當更多的人身體健康、腦袋健康、口袋健康，這個世間就會變得更美好。

也許有一天，當你成為擁有一定影響力的人物時，你也可以在他人的心中種下一顆祝福的種子，改善他人的生命、生活與生計品質。也許當你有一天必須向上帝交差時，你可以平安、喜樂地閉上雙眼，然後世人會為你的輝煌貢獻寫下璀璨的一頁。

這難道不是一件很美妙的事嗎？

感謝耐心翻閱到此處的你！

記住，成功絕非偶然，有的只是必然！

你的人生，要由你自己來開創！

祝福你擁有豐盛、富饒、恩典滿滿的生命！

Fighting！Fighting！Fighting！

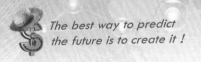

Chapter 8

把夢做大

The best way to predict the future is to create it！

你是想賣一輩子糖水呢？還是想和我一起改變世界？

蘋果創辦人——史蒂夫・賈伯斯

金錢不是人生的全部，可是卻是一種能用來交換、並且讓你生活得更好的物質，是可以大大提升你生活品質的一種籌碼。除此之外，金錢還可能換來你內心熱切渴望的夢想。

你想過這一生到底要做什麼嗎？

你思考過在你的人生裡，做什麼事會讓你熱血奔騰嗎？

如果你想要獲得財富自由，就必須認真看待自己內心的聲音。首要之務，就是要有一個遠大的夢想。

我們綜觀各行各業，他們在各自領域裡，有的人晉升到一定的職位、擁有一定的收入，但他們很多人還是後悔：「如果我年輕十歲，我絕對不會繼續待在現在這個職務、這個工作上。我會去冒險、去創業。」

如果你內心曾經有過某些聲音，告訴你應該去做某些事，或許是開店、寫書、繪畫、拍電影……，無論是什麼，這些都可能是你內心真正的渴望。

然而，不要忽視這些內心的聲音，因為或許你會藉著這些你感興趣、真正熱愛的事物，開創出另一片天地。

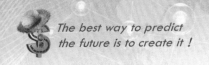

你認真想過這輩子要過什麼樣的生活嗎？

還是你只是庸庸碌碌、一不小心，已經忙了大半輩子，驀然回首，才發現自己已經逼近四十大關。而那些年輕時的夢想，早就不在人生清單上了？

你的夢想必須能讓你忍受孤獨、風險與挫折的壓力，能讓你在沒有任何籌碼下，仍勇往直前，能讓你不畏懼他人的閒言閒語。

當你想到這些夢想，你會立刻有一股熱血沸騰的感覺，一種從內心深處流露出來的慾望，只要你開始真的相信你的夢想會成真，你的生命就會朝著那個目標前進。

「慾望」這個字在拉丁文裡是「來自父親」的意思，也就是「慾望」天生存在每個人的體內，而你天生就有能力得到這些你熱切渴望的夢想。

如果你現在還沒獲得滿意的生活、收入與財富，那麼代表你對致富這件事，並沒有真正熱切的渴望。

你只是「想要」致富，而不是「一定要」致富。

但現在請你想像一下那個曾經無數次出現在你腦海裡的夢想：

★帶著家人環遊世界。

★吃一頓只敢在網路上看看的高檔餐廳。

★擁有一顆五克拉的大鑽石。

★能夠毫無節制地走進HERMES旗艦店shopping

★把已經二十年的老爺車換成賓士。

★買一間屬於自己的豪宅或平安喜樂的宅院……。

無論你的夢想是什麼，記住，你的夢想一定要夠「清晰」。

禎祥老師三十五歲那年歷經破產，好不容易累積的上億資產竟然在一夕化為烏有，個人的負債也高達千萬。

走到人生谷底的他，一心只想到美國的舊金山金門大橋一躍而下，結束自己的生命。

可是窮途末路的他連去美國的旅費都沒有，但或許是因為他真的太渴望到美國，後來發生一連串的事，讓一個阿姨願意替禎祥老師出旅費，條件是替她去聽一堂課，還有帶一箱維他命回台灣。

一心尋死的禎祥老師，想到有人願意替他出機票錢，就算幾百個條件都答應，反正他也不打算回台灣。

於是他順利到了美國舊金山。

當禎祥老師到金門大橋之後，又輾轉碰到了許多奇妙的人與事。

結果，他沒有跳下橋，反而去上了一堂改變他一生的課程。

當時在台下的他，聽到台上的老師一個月的月收入高達兩百萬美金，立刻改變禎祥老師尋死的決心，轉而想好好研究這些人是做什麼的？為什麼可以擁有這麼高的收入？

但決定活下去的他，還是必須面對破產的現實。

因緣際會下，他又上了其他的課。其中有一堂課，馬克・韓森就告訴他夢想的重要性。

台上的馬克老師，要台下的學員寫下人生熱切渴望的夢想。從食、衣、住、行、育、樂、人脈、信仰……，從每一項生活細節開始寫起，最少要寫下101個目標。

當時的禎祥老師破產、負債千萬、萬念俱灰，他無法想像自己的人生中還應該要有什麼夢想跟目標？更何況還要寫101個！

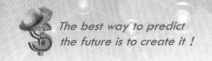

一個人真的能有這麼多夢想嗎？

但是老師的一句話提醒了當時的禎祥老師：「如果你寫了，相信了，但是沒有成真，請問你有什麼損失嗎？」

禎祥老師心裡想：「沒損失。」

接著馬克・韓森又說：「那如果你寫了，並且相信這件事就會成真，而這件事是真的，但你卻沒有做，請問你的損失大不大？」

禎祥老師想了想：「這損失也太大了！」於是他拿起筆立刻就寫。

馬克・韓森在學員們寫夢想的時候，繼續說：

101這個數字，代表是一個極限。超過了，就是無限的意思。因此101個目標，是有很大的正面力量在裡面的。

此外，你寫下的必須是你內心真正渴望的夢想，不是因為別人寫月收入百萬、我就寫月收入百萬，也不是別人寫他要開敞篷車、你就寫敞篷車。

你要寫的是你內心真正渴望的那部車子，否則你的願望寫再多都不會實現。因為那是別人的夢想，不是發自你內心真正渴望的夢想。

但我也要提醒你們，不要用自己現在的狀況、生活水準與收入決定你所寫的夢想，因為夢做大一點，總有一天會實現。

你所有的夢想都要是你內心的渴望，但不要被現實環境所影響。這是你夢想是否成真的真正關鍵。

當時馬克老師講得清清楚楚，但禎祥老師聽得模模糊糊。什麼叫「要是內心的渴望、又不要被現實環境所影響」？

於是沒想這麼多的他就只是寫。

結果三年之後，禎祥老師在新加坡過著人人稱羨的退休生活。

之後有一天，他又拿起當年寫的夢想，這才驚覺那位老師話語中的道理。

人的夢想，經常會被現實環境所影響。

或許是來自父母親的壓力、另一半的逼迫、長年沒賺到錢的怨念、周遭朋友的不爭氣、對於大環境的無奈……，使得我們經常會批判自己內心的渴望。

我們可能想要犒賞自己，來一趟深度旅遊，但內心總會有個聲音告訴你：這趟深度旅遊要花你一個月、你可能辭職而且還沒有收入、回來之後也不確定能不能找得到工作……還是不要啦！先好好把這份工作穩定再說。

或者，你很渴望替自己買一間小套房，但內心的那個小惡魔又說：人家專家都說房貸不能超過收入的三分之一，現在房價這麼貴，你買不起啦！租房子就好了，不然買房子風險這麼大，萬一付不出來，你的人生不就都完蛋了？

如果你願意開始察覺每天在你內心裡的聲音，就會發現這些討厭的小惡魔無時無刻都在攻擊我們的自信心。而這些小惡魔就是我們夢想的小偷。

如果禎祥老師當年對自己寫的夢想有很多的批判和質疑，三年後他的夢想就不會成真。

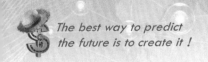

因為很多時候我們所寫下的夢想，達成夢想的時間與方法並不

是我們平常所能想像的。

從來沒有搭過頭等艙的人，怎麼有辦法想像航空公司是可能免費幫你升級到頭等艙的？

沒有開過遊艇的人，怎麼有辦法想像有錢人忙到沒時間開自己的遊艇，所以把遊艇借給你開？

沒有搭過私人飛機的人，怎麼能夠想像這世界上會有一個人願意提供你免費的私人飛機tour？

沒有不合理的目標，只有不合理的期限。和不合理的腦袋。

只要有這麼一個目標、這麼一個夢想，是你內心真正的渴望，就把它寫下來吧！

不要帶有任何的色彩與批判，不要拿現在自己的收入與能力去衡量這件事怎麼達成。

當你寫下來，自然就會有方法能完成它，只是你還沒想到而已。

你必須已經看見它、感覺到它、聽到它、聞到它、嚐到它、摸到它。想像一下：

★ 你帶著家人去世界旅行時那是什麼樣的感覺？

★ 當你吃到期待已久的龍蝦大餐，那是什麼味道？

★ 當你戴上那顆鴿子蛋五克拉鑽戒時，你的樣子如何？

★ 當你開著夢想車款時，引擎聲帶給你什麼樣的歡愉？

★ 當你住在自己買下的那間房子裡，有什麼樣的感覺？

你要把這些讓你興奮、快樂、顫動不已的感覺深深放在心底深處。你碰到任何挫折時，就想像你已經完成這些夢想。

禎祥老師三十五歲那年破產時，有胃潰瘍與十二指腸潰瘍，全身病痛、瘦到不成人形。

去美國上了課回來之後，每當他覺得身體非常不舒服、或是現實生活壓得他喘不過氣來時，唯一的解脫之路，就是做白日夢。

禎祥老師想像著自己非常健康、吃著豐盛的美食、住在全世界最高檔的五星級酒店裡的總統套房、每天有看不完的秀……。

每當他覺得痛苦，他就用這些愉快的感覺去取代它。

每當他感覺到沮喪，就想像這些事已經發生在他身上所帶來的快樂。

久了之後，禎祥老師發現自己感覺到灰心、沮喪、難過、傷心的次數漸漸減少，時間也變短。大多數的時候，他開始享受生活中隨處可得的快樂。

奇妙的是，當他越覺得快樂，就有越多好事發生在他身上。

當他越覺得自己是個幸運的人，身邊就出現越來越多貴人。

隨著這些貴人的出現，他的夢想開始一個一個實現了。

如果，你寫下夢想的同時帶著懷疑與批判，就會在你心裡帶來不好的情緒與影響。很容易吸引其它不好的事物。與其如此，還不如不要寫。

唯有當你放下自己對自己的成見，才是你成功的第一步。

當然，物質生活不代表一切，你所寫下這些豐裕的物質生活，是為了讓你擁有「快樂」的感覺，以抵抗那些讓你「痛苦」的暫時的現況。除了物質的「快樂」外，還有更多更好的方法可以讓你感到「快樂」。

現在，請找一本筆記本，寫下你自己的101目標。

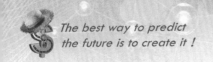

請依照食、衣、住、行、育、樂、人脈、事業、收入等項目寫下來，越詳細越好。

如果你要描述一台車，就清晰描述它是什麼牌子、什麼顏色、幾個門、什麼材質的椅子、幾個安全氣囊、開著它的感覺……。所有你能想像的都要鉅細靡遺地描寫出來。

如果你要描述一間房子，請清晰地寫下位在哪個縣市、什麼區、哪一條路上、附近有什麼你喜歡的設施或生活環境、多少坪的房子、公設比多少、有幾間房間、什麼材質的地板、什麼樣的窗簾、什麼樣的鄰居、幾層樓的建築物、位在幾樓……。總之，越詳細、越清楚越好。

接著，請寫下自己十全十美的一天。你早上幾點起床、穿什麼睡衣、旁邊有誰、聞到什麼味道、起床後做了什麼事、早餐吃什麼、早晨的空氣如何、接著你去了哪裡、穿什麼樣的衣服、搭什麼交通工具、跟誰碰面、做些什麼事、午餐跟誰吃飯、吃了什麼、在哪裡吃、下午去了哪裡、跟誰在一起、做些什麼事、晚上跟誰吃飯、在哪裡吃、吃什麼、幾點回家、回家後做些什麼事、幾點上床睡覺……是要「真實的」看到、聽到、感覺到，享受著——

8-1 夢想管理列表

很多人寫下夢想、寫下目標之後，並不知道如何完成。

其實目標或夢想的實現，是需要很多策略與方法。同時，這些目標也都需要「被管理」。

當我們寫下自己的目標與夢想，接下來就要審視有沒有「一網打進」所有夢想的方法。

舉例來說，四十歲的小李，他夢想中的其中幾個夢想是換一部賓士E-Class、買一間位在台北市五十坪且十年以內的房子、年收入超過500萬……，這些看似零散的目標，其實，只要其中一個目標達成，其它的目標自然就水到渠成。

以小李的這個例子來說，能夠幫助他完成其他夢想的目標，就是「年收入超過500萬」。

此時，我們會發現到金錢對於我們的人生的重要性。因為有時金錢可以換取我們心中的夢想。

如果你回去審視自己所列下的101目標裡，可能會發現高達九成的目標，都與金錢有密不可分的關係。

當然，在夢想完成的過程，不一定都需要用到我們本身的錢，可是人類是聯想的動物。當我們看到賓士、在台北市買房子，往往想到的是：那要花多少錢？

而你對錢的感覺與看法，就會決定你的夢想是否能夠達成。

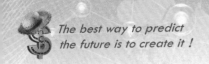

很多人並不知道自己對錢抱持著負面的態度，但其實打從我們

在母腹開始，就已經開始對許多事物有記憶，只是我們記不記得而已。

舉例來說，一個一歲的嬰兒，剛學會爬行，看到地上有什麼東西，都會喜歡拿來放在嘴巴裡。如果這時這個嬰兒手上拿了一個硬幣，正準備往嘴裡塞，此時，愛他的爸爸或媽媽，會趕緊出面制止他，並告訴他：「唉唷！錢髒髒，不要、不可以。」還從這個嬰兒手上把錢搶走。

而這就是我們很多人對金錢的第一印象：錢是髒的、不要、不可以。

當我們長大之後，我們有時就會莫名其妙地被一些人把錢騙走，或者我們也經常看到某些男人明明就不爭氣，為什麼他的女伴卻死心踏地的不斷為他買單。

很多時候，這都跟我們成長的過程有密切的關係，而這些過往的經驗，就變成我們看待金錢的真實樣子。

當你列出你所有熱切渴望的夢想之後，試著想像這些美好的事物已經發生在你身上，這帶給你什麼樣的感覺？你有什麼樣的情緒？是快樂嗎？感動嗎？興奮嗎？

無論是什麼，把這樣的感覺寫下來。

✎ To Think, To Write

記住這些感覺的目的，是為了再次加強我們腦袋裡對這些事物的感覺，我們把它叫做「心錨」，也就是加強潛意識裡對這些事物達成的真實感。

二十世紀的一個偉大企業家克里門・史東，就曾經說過：「不論腦中所相信的是什麼，它一定可以被得到。」

你不會得到那些你能力所及的事物，可是你卻會得到那些你腦中認為你可以得到的事物。

也就是說，你現在所賺取的收入，就是你對自己的價值的衡量。

知名的策略權威大師博恩・崔西曾經說過：「思考是原因，環境是結果。」你現在所處的環境、收入與現實，就是你腦袋裡的思想造成的。

我們的思想就像是大樹的根部，你對他灌溉什麼，就會決定這棵樹長得如何。

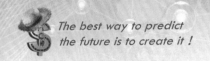

如果你悉心照料這棵樹，從根部給它施肥，施予正面、肯定的話語，辛勤灌輸正面的看法，那麼這棵樹的未來指日可待。

相反地，你若不從根部給這棵樹肥料，反而拿刀子去砍樹根、放任它枯萎，那這棵樹也活不了很久。

你的每一個心思意念，就是影響你這棵樹是否長得好的關鍵，因為我們的生活狀況，恰恰就反映我們潛意識的信念。

福特汽車的創辦人亨利・福特曾經說過：「無論你相信或不相信，你都是對的。」因為你相信自己會有錢，這會變成事實；你不相信自己會有錢，這也會變成事實。

你的每一個心思、意念，不是引導你往你的目標更靠近，就是讓你離目標越來越遠。

我們每天所接觸的人、事、物，也都在打造我們的潛意識。你要不就是讓正面訊息進入腦袋灌溉自己，要不就是讓負面資訊攻擊你，成為你夢想的小偷。

有句很不好的諺語說：「不如意事常十之八九。」

每天說這句話的人，會造成他每天接觸的資訊，九成以上夾帶著大量負面資訊、負面結果。

舉例來說每天接觸的新聞、報紙、同事的抱怨、父母嘮叨、小孩不聽話、夫妻或情侶吵架、主管囉嗦、下屬不盡責、公車很慢、捷運人很多、開車遇到紅燈……，每一件事都可能讓接受者的情緒產生負面的波瀾。

而這些負面的情緒，都會在潛意識裡刻畫出一條印記。而這些印記，又會決定你未來的成就與表現。

當禎祥老師三十五歲那年生意失敗，人生跌到谷底時，他沮喪地想：「明明前幾年都還好好的，為什麼偏偏會在事業最頂峰的時候投資失利？」

直到他去美國上了課，了解潛意識的影響，他才驚覺：「我的父親就是在三十歲出頭過世，所以我的潛意識裡認為自己也會在相同的歲數告別人生。」

禎祥老師的父親過世那年，整個家庭經濟狀況陷入困境，所以他在相同的年齡也落入同樣的景況。

這些事他從來沒有察覺，直到他了解潛意識的強大力量，才明白潛意識對一個人的巨大影響。

很多時候我們的害怕、恐懼、畏縮、不敢追夢，都跟我們存在潛意識裡的經驗有關。但不要讓過去阻礙你，而是應該把這些化成幫助你成長、進步的動力。

這不容易，但是可以練習。

因此，如果要完成夢想，首要之務，就是管好自己的每一個心思意念。

現在，我們要請你做兩個練習。

首先，試著找一個能獨處的地方，找到一個舒適的姿勢坐著，你只需要專注在使自己保持身體不動的狀態，持續十五到二十分鐘。

現在忙碌的社會，讓很多人靜不下來，這個練習是幫助你給自己練習「靜」的機會。

當你發現這個練習對你來說輕而易舉時，可以嘗試更進一步的練習。

一樣舒適地坐著，但不要想任何的事物。

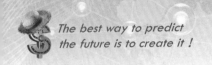

此時，很多人會發現有許多想法試圖衝進我們的腦袋裡。

但請你控制它，抑制這些思緒，讓自己處在完全放空的狀態。這個練習的目的，是幫助我們控制自己的心思意念。

如此反覆練習，在往後可以有效幫助我們控制害怕、恐懼的想法，進而讓夢想更容易達成。

這兩個練習並不容易，可是卻是最基礎的自我情緒管理訓練，這兩個練習你可以每天做，直到你駕輕就熟為止。

如果你開始看海賊王、看杜拉克的書，你可以試著去想——

To Think, To Write

如果杜拉克碰到困難，會怎麼想？怎麼做？

如果魯夫碰到困難，會怎麼想？怎麼做？

8-2 懷疑與碰到困難的時候怎麼辦？

當時禎祥老師在美國上課時，他的老師要他寫下每一個夢想背後的「目的」。

禎祥老師不懂這麼做的意義，他甚至想不出來寫下他那些以當時的情況來看、根本不可能達成的夢想，到底是有什麼樣的目的？

但他還是硬著頭皮寫：

★我在「住全世界最高檔的五星級酒店」這個夢想後面寫下：擺脫無殼蝸牛宿命，不要過處處為家處處家的生活。

★我在「開藍寶堅尼跑車」的後面寫下：男人活到最後一刻，總是要享受一次0到100km加速4秒的貼背快感。

★我在「吃鵝肝醬、魚子醬、魚翅、鮑魚、燕窩」後面寫下：即使胃潰瘍與十二指腸潰瘍，也要享受一次人間頂級美食。

當禎祥老師洋洋灑灑寫完了連自己都不知道算不算「目的」的理由，他歸納出結論：

現實太痛苦，所以要享受現在的每一刻，認真過生活。

直到現在，他仍能記得寫下這些夢想背後的「目的」。

那樣的情緒，是一種血脈賁張的感覺，是全身上下每一個毛細孔都在擴張的悸動。然後每寫下一個字，他就深切地感覺到：對，我就是在「追求快樂與逃離痛苦」！

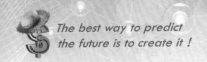

當禎祥老師開始新事業的時候，每當他碰到困難，他就回想這

種感覺：這種血管擴張、呼吸急促的感覺、這些夢想實現的感覺。然後他又像充滿電一樣，繼續面對挑戰，想辦法解決問題。

或許你的「目的」更為遠大：可能是為了幫助一群弱勢的孩子；可能是為了讓父母有好生活；可能是為了不要讓孩子像自己一樣重蹈覆轍……。

無論是什麼，這就算是為了一種「愛」，而愛是宇宙間最強的力量。

愛的力量，可以幫助你走過任何低谷。

禎祥老師三十五破產那年，本來要到美國舊金山金門大橋一躍而下，當他尋覓最佳地點時，忽然有一個聲音告訴他：「走過去。」

於是他順服這個聲音，走到橋的另一頭。

就在他走到尾端時，碰到一個婦人，手裡拿著大size的行李箱，手上還牽著孩子，正準備要過馬路。

當時的他不知怎麼的，竟然走過去幫婦人拉行李。過了馬路之後，婦人回頭看禎祥老師，嘴裡說了幾句他聽不懂的話。

禎祥老師雖然聽不懂，可是老婦人的眼神卻深深觸動到他，好像碰到他心底很深處的一顆按鈕，頓時讓他覺得：「我在最窮困潦倒、一無所有的時候還能幫助人，這比我一個月在房地產月入上百萬還要快樂。」

在禎祥老師決定不死之後，那樣的感覺仍然常存在他的心中。

六年前他回到台灣，很多人告訴他：「教育訓練在台灣很難做的，因為台灣人好騙、難教。」

當時的禎祥老師接到一個任務：要在短短三個月之內，辦一場

5000人的收費演講。

這在台灣從來沒有人辦過，但在他內心裡，有一個深刻的信念。

是那個婦人的眼神，改變了禎祥老師的一生，讓他後來接觸到世界各領域的大師。

是這些很好的老師們，用他們最大的耐心、愛心，改變了禎祥老師，翻轉他的生命。

這其中的每一個環節，都讓他深刻地感覺到滿滿的愛。

而正是這樣的愛，讓禎祥老師完成了不可能的任務。

如果，你在追求夢想的途中遇到懷疑、試煉，請相信：每件事發生都是好事。這些試煉是為了成就你的氣度，讓你有能力可以承擔更多的責任，讓你有解決問題的能力。

每一個逆境，都包含更大價值的種子在裡面。無論你相信的是什麼，都必成為你的現實。

挑戰就像是包裹著鑽石的石頭。當你被這顆石頭砸到，你可以對它給予負面的咒罵；或者，勇敢面對它，找出這顆石頭藏了什麼祕密？為什麼會砸到你？

然後當你願意彎下腰與它和平共處、研究它，就會發現裡頭閃耀的鑽石——這就是所謂「化了妝的祝福」。

每當你懷疑或是遇到困難時，記住夢想已經實現的那種美好，記得你百分之百被愛時那樣的感覺，並回想你必須實現這些目標的原因。

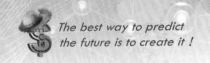

現在請你在每一個目標背後，寫下背後的目的，並想像這些

目標完成後你的感覺，強化這些感覺，並讓這樣的感覺進入你的心底。

接著，再回想你曾經感覺到百分之百被愛的時刻。

或許是愛你的父母給你最深的擁抱；或許是你的祖母替你做一碗你最愛吃的古早味鳳梨冰；或許是你的孩子甫出世的那一份感動。

如果你有信仰，或許是聆聽詩歌時那被觸摸的平安。

無論是什麼，記住這樣的感覺。

你可以輕輕地對自己說聲：Great、Yes……或是任何簡短又讓你舒服的字眼。

往後，每當你碰到挑戰，就回想這份美好的感覺，並輕輕地對自己說出你設定的那個字。

這個方法可以幫助你走過任何低谷。

當然你也可以找一個平安夜，走進一間舒服的教會，享受一下。

8-3 視覺化夢想

人類都是視覺化的動物，這也是為什麼電影、3D影像、色情影音如此普遍且蓬勃發展的原因。

人們熱愛視覺上所帶來的享受與快感，因此，如果能讓你每天都看到夢想真實地出現在你眼前，對你相信的程度將會大有助益。

這種作法很簡單，在《祕密》這本書全球暢銷之後，也提供無數方法，幫助你視覺化夢想。

最簡單的就是找出你的夢想的圖片，然後貼在床前，讓你每天早上一醒來就可以看見。

但我們要提醒的是，貼了夢想板，不代表你的夢想就會實現。台灣有很多教育訓練老師，把寫目標、貼夢想板當做貼符咒，有貼有保庇，夢想就會實現。但我們聽過許多人抱怨，他們寫了目標，也貼了夢想板，為什麼等待大半天就是沒辦法實現？

為什麼有的人幾乎沒貼卻可以達成目標？

我們歸納出其中幾項關鍵原因：

首先，這些不是你真正熱切渴望想要的。

當你連續一個月把目標拿出來檢視之後，你會發現有的目標昨天想要，但是今天卻不想要了；有的目標今天不想要，可是明天一被刺激，又激起想要的慾望。

你必須不斷審視自己內心真正的渴望，尤其是那個關鍵目標，關鍵目標一達成，九成的目標都會達成的目標。

其次，你用的文字是否正確。

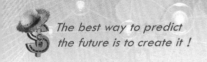

如果你身陷在負債之中，很多人的目標可能會寫：還清負債。但這些文字，其實是比較軟弱無力的字眼。

如果你有100萬的負債，那麼你應該寫：賺進100萬、多賺100萬。

因為當你寫「還清負債」時，你的焦點還是放在負債上。

可是當你寫「賺入100萬」的時候，焦點就放在賺錢上。

第三，行動力與持續力。

當你列下所有的夢想與目標，就必須開始有所行動。

行動會產生更多正面的能量、更多的吸引力。

很多人認為所謂吸引力法則應該是坐在家裡，錢就會自己跑進戶頭、機運就會降到自己頭上。但如果你想中樂透，你總得出門去買張樂透吧！

第四，相信的程度。相信是有分等級的。

聖經上有段話說：

信是所望之事的實底，是未見之事的確據。

「信是所望之事的實底」，是指你心裡渴望的最基礎。如果自己相信的程度都不夠，那麼怎麼能夠成就後面的事呢？

「是未見之事的確據」，確據的意思是根基、種子，你仍然必須澆灌它、強化它，否則現實生活中的一點點挫折，就可能讓你的信心潰散。

人都習慣「眼見為憑」，所以視覺化是夢想實現過程中非常重要的一環。你可以每天早上睡醒時，對著你的夢想板不斷想像：所有的事物都已經真實地發生在你的身上。

尤其當你有一個團隊時，圖像化的力量是更大的。

當禎祥老師剛回到台灣，接到三個月內要辦5000人收費演講的任務時，當時他只有三個新鮮人可以跟他一起籌辦這次的活動。

於是禎祥老師帶著他們到台大綜合體育館，見證一次教會辦的5000人活動實況，並拍下許多照片。之後他們把照片洗出來，貼在牆上，每天到公司的第一個任務就是不斷想像：這是我們辦的活動。

當全部參與這場活動的人都有同樣的信念，每天就都有新的進度。過程不是沒有阻礙，但總是可以迎刃而解。

最後這場活動順利完成，也創造了台灣教育訓練史上的奇蹟。

視覺化的最終目的，是強化你的信念、訓練你的信心，讓你在每一個行動，都帶著能量。即使遇到波折，也能夠憑著信心前進，這才是視覺化夢想的真正關鍵。

現在請你找出你夢想的圖片。

你可以翻閱雜誌、廣告、DM、網路圖片等，然後把照片洗出來或印下來，貼在床頭。你也可以替自己設立一本夢想筆記本或夢想盒，把圖片貼在上面。

但最好的方法還是貼在床頭，因為這樣你睡著前與睡醒前，都可以立刻接觸到這些圖像，而人的潛意識最活躍的一段期間，是在睡前與剛醒來的三十分鐘之內。這可以幫助你視覺化的成果更具效能。

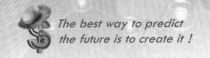

8-4 專注的力量

你所專注的事物，都會變成事實。

當你確定了自己的目標與夢想，你的專注力將成為夢想成真的關鍵。

如果你把專注力分散在太多的目標上，那麼此時的力量是渙散的、無法集中的。

這也是為什麼，在你寫完目標之後，要你找出那個「一個目標完成，其他目標都完成」的關鍵目標。因為這個關鍵目標，就是你必須專注的事物。

假設你已經找到這個關鍵目標，就是年收入500萬，那麼你要開始問自己：「如何讓自己年收入500萬？」

此時你的專注力已經從眾多分散的目標中，集中在「年收入500萬」上了。

專注力就像是面放大鏡，而思想的力量就像太陽，本身就有強大的力量，是散發光和熱的自然能量，並且無處不在。而你的專注力放大鏡，就是要把存在於自然界中的光與熱集中在一個焦點上。

小時候我們都做過一個實驗。老師要我們拿著放大鏡與白紙到太陽下，然後搜集陽光、聚焦。時間久了，就會發現紙張因為聚焦的熱度而燃燒起來。

這就是專注的力量。

專注力也是幫助你克服人生阻礙上的助力。

當你把焦點放在你要完成的目標，那麼途中遇到的困難，就只是磨練你的能力罷了。

當禎祥老師二十三歲那年，決定投身房地產時，有人對他說：「你一個鄉下孩子，有辦法嗎？講話都不太會講了，還要做房地產？」

當時的他害羞內向，帶著鄉下孩子的純樸與老實，只知道要到台北闖一闖，不知道商場上的生存之道。

可是禎祥老師當時有一個很好的主管幫他找到專注的力量，甚至在他連續三個月的業績掛零、並且提出六次辭呈、在最後一次提出辭呈時，他的主管對他說：「小黃，你忘記你是為什麼到台北打拚的嗎？」

他想了想，回憶起當初應徵這間公司的情況：

原本我是要到新東陽去應徵收銀員的，但那一天不小心睡過頭，錯過了應徵時間。

剛好當時的新東陽旁邊有一家公司，門口貼著大大的告示：虎年徵虎將。

我站在門口看著那張告示良久，心裡天真地想：「徵虎將？那不是在說我嗎？我是屬老虎的，又正好在我想要一展長才之際，說不定這是我錦繡未來的敲門磚！」

我腦袋裡浮現出古時候撕榜單的畫面，於是恭敬地用雙手扶住那張告示，然後用力扯下，捲成圓筒狀後，帶著莊重的心情，步入該公司大門。

大門裡坐著的是位年輕貌美的接待小姐，看見我走進去，立即起身招待。

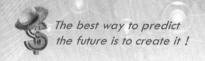

我將圓筒狀告示，慎重地鋪在接待小姐的櫃檯上，帶著嚴

肅地表情告訴她：「我是來應徵虎將的！我就是虎將！」

櫃檯小姐疑惑地看了我一眼，然後再看看桌上的告示，又抬頭看著嚴肅的我，然後噗哧笑了出來。

這下換我疑惑地看著她，這個小姐已經笑到趴在桌上不能自己。好不容易她停下來，又立刻轉身跑進辦公室，對著大家喊：「你們快點來看，有人說他是虎將啦！」

接著一大群穿著西裝、套裝的男男女女跑了出來，對著我指指點點：「他？他說他是虎將？哈哈哈！」

我站在櫃檯，臉從頭紅到腳底，正準備轉身逃跑時，一個中氣十足的聲音穿透所有人群，直直射入他的耳膜：「誰是虎將？」

兩旁的人群讓開，迎面而來的是一位跟我一樣個頭不高的中年男子。

這個男子雙手揹在背後，繞著我走了三圈，從頭到腳把我掃了數十回，然後什麼話也沒說，領著我到他的辦公室。

原來中年男子是這家公司的老闆。他劈頭第一句話就問我：「年輕人，你為什麼要做業務？」

我想了想說：「我看到你們門口寫徵虎將，我覺得我是虎將，所以就來了。」

「還有呢？還有其他原因嗎？你要知道，業務工作是很辛苦的，能熬過去的沒多少人，但若你能吃苦，所有的財富、榮耀都是你的。」老闆以一個長輩之姿，給我建議。

「我想要賺大錢，要光宗耀祖、衣錦還鄉。」我想了想，篤定地說。

老闆接著說：「我希望你永遠記住這句話，莫忘初衷。」

光宗耀祖！衣錦還鄉！

光宗耀祖！衣錦還鄉！

光宗耀祖！衣錦還鄉！

忽然間這句話像是跳針一樣，在禎祥老師決意辭職時不斷閃入他的腦海裡。

對！那是我到台北最重要的目的，可是我真的撐不下去了。

老闆看見禎祥老師站在原地發楞，對著他說：「小黃，房地產這個行業比任何行業都好玩，因為每個房子、業主、房客，都有獨特的吸引力，你也有你的客群，我知道你想賺錢，也知道這三個月你吃了很多閉門羹，可是就是因為這樣，人生才有挑戰性不是嗎？」

禎祥老師看著循循善誘的老闆，訥訥地說：「可是我不會講話、不會說謊，我真的不知道怎麼樣去賣房子。」那個年代的房地產有很多見不得光的黑暗面，而禎祥老師從純樸的鄉下長大，是放牛班的孩子，真的無法適應那樣的環境。

老闆微微笑了笑說：「那這就是你獨特的優勢跟市場，你把目標瞄準那些討厭說謊的客戶，不就得了？但是如果你堅持要離開，我也不會攔你，因為這是你的人生。但是記得，不喜歡這個行業的某些現況，不是逃避就好，而是能不能盡全力去改變它？」

離開了老闆的辦公室，禎祥老師還是打定主意要走。因為萬念俱灰、被自我否定籠罩的他，聽不進去任何勸告。然後，他到公司隔壁的「天香」自助餐，跟自助餐老闆夫婦道別。

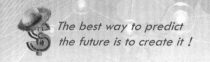

自助餐老闆聽到禎祥老師要走，十分震驚，急忙問他有什麼方法可以讓他留下來，他說只要他能找到房子賣就可以了。於是老闆娘走到廚房後面的一個小房間，拿出一疊權狀任禎祥老師挑選。

禎祥老師訝異地看著老闆娘，老闆娘說：「這年頭，做房地產像你這麼忠厚老實的不多啦！你們公司有很多業務都來跟我談過，不過我就是不喜歡他們。可是你真的是很老實，我的員工都說你是『天香乾兒子』，好好加油，一定可以做好的啦！」

聽到老闆娘的鼓勵，禎祥老師的眼淚就要掉下來。

原來別人眼中的忠厚老實、不善言詞，反而成為自己的優勢。當他真心地跟這對自助餐夫婦交朋友，竟然產生不可思議的力量。

從此以後，禎祥老師就相信自己有自己獨特的優勢，開始把焦點認真地放在屬於自己的客戶上面。

這樣的改變，帶來不可思議的效果。從禎祥老師開始聚焦注意力起，他的業績就是全公司第一名。然後禎祥老師又再次提高自己的目標，並且認真地專注在新的目標上。

於是，從第二年開始，禎祥老師每季的收入在當時的東區，不用貸款就可以買一間房子。

當我們專注在我們的目標，很多旁人看似阻礙的地方，其實是可以被我們的注意力彌補的。只要我們夠渴望、夠相信、夠專注，你就可以達成你想要的目標。

很多人覺得專注力這件事應該很簡單，其實用幾個小練習，我們就可以知道我們到底有多「專注」。

你可以在你現在所處的環境中，隨便找一項標的物，然後把注意力集中在上面十分鐘。

意力集中在上面十分鐘。

你會發現很多想法不斷跑進你的大腦，因為十分鐘很漫長，你甚至想要看別的東西，你的思緒會四處飄蕩。

但多做幾次練習，這能幫助你訓練你的專注力。

然後選一張你最喜歡的圖片，找一個舒適的位置，並且開始認真地研究這張圖片。每一個細節、紋路，你都要研究。

如果有人物，就注意他的五官、髮型、肢體動作；如果是個物品或空間，注意它的線條、擺放的空間。

總之，任何細節都不要放過。

專注十分鐘之後，閉上眼睛，開始「用心看」這張圖片。

如果你可以清楚地「看」到這張圖片裡的細節，那麼你的專注力還不錯。如果不行，那麼請你多做幾次練習，這麼做可以大大提升自己的專注程度。

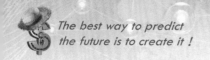

8-5 擁有偉大的夢想

人類是自然界中，唯一會限制自我成長的生物。

有句話是這麼說的：「如果一棵樹擁有人類的頭腦，它就不會變成一顆大樹。」

大多數時候，人類遇到困境就準備退縮了。

這似乎是人類獨有的警報系統，但通常不怎麼準。

《有錢人想的跟你不一樣》作者——哈福．艾克說：「瞄準星星，至少會射中月亮。」

這時，你的左腦可能會進行批判式思考：「射中月亮？怎麼可能？」

那麼務實些，前琉璃奧圖碼科技亞洲區總經理——郭特利先生的暢銷書說：「瞄準月亮，至少射中老鷹。」

不管你瞄準的是星星或是月亮、最後射中月亮或射中老鷹，反正別瞄準自家天花板就是了。

打從海賊王故事一開始，魯夫就宣告他要成為海賊王了。

從他還是小孩子時，他就不知天高地厚地說要成為海賊王。

他做到了嗎？還沒。

但是他進入了偉大的航道；

他聚集一群好夥伴；

他的懸賞金額破億；

他打敗一個又一個的強敵；

他被世界政府指定為危險人物；

他讓「冥王」雷利——海賊王的副船長——願意當他的教練，親自指導他兩年。

魯夫的夢想，讓他不斷地往前行。在他邁向成為海賊王的路途上，一切的一切，都只是成為海賊王的必經之路。

他有碰到磨難、碰到失敗、碰到挫折、失去最重要的家人，有時會陷入「完全不知道該怎麼辦」的困境。

但是他有停下來嗎？沒有。因為他離達成目標還有很長一段距離。

你呢？你的夢想是什麼？什麼是你無論遭受多少磨難，依然勇往直前的夢想？

To Think, To Write

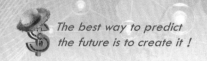

國外的教育，促使學生很小的時候就要學會思考，學會判斷。

蘋果創辦人史蒂夫・賈伯斯大學一年級時，就判斷出大學對他來說沒有太大的幫助。因此他展開了一場探索自我的旅程——你總得知道你自己是誰。

在賈伯斯逐漸找到答案後，便開始了一連串的籌備與構思。不久之後，他以二十六歲之齡在自家創辦了蘋果電腦。

數年後，他對百事可樂的約翰・史考力說：「你是想賣一輩子糖水呢？還是想和我一起改變世界？」

賈伯斯一生致力於製造更好玩、更酷，而且更有實用價值的產品。他改變了你我的通訊設備，同時改變了世界。

如果你身旁有智慧型手機，不管它是哪個廠牌，你都可以在上面感受到賈伯斯的熱情和創意——那是他遺留給世界的貢獻。

而台灣的大學生，卻往往連畢業之後都不知道要做什麼。

更令人擔心的是，因為長期處於封閉、負面的教育環境中，連夢想都被扼殺了。

當一群大學生聚在一起談到未來的人生時，小林可能會說：「我未來想買棟一千萬的房子。」

小明馬上吐槽他：「一千萬？你別想了啦！你哪來那麼多錢？不可能的。」

小明會成功嗎？不會，因為他不但自己沒有夢想，還順便把好朋友拖下水——他把負面的思想灌進好朋友腦袋。

以上是七年前真實發生過的對話內容，此刻小明不知身在何方，而小林則是你手上這本書的作者之一。

如果你沒有夢想，或許你有辦法暫時逃避一下，但你不可能逃避一輩子。

同時，你也不太可能沒有夢想。

孩童時代，托兒所的老師常常笑著問：「小朋友，你們長大後想要做什麼？」

此時，孩子們還能Integrity地回答問題——他們不會抑制自己成長。

但是到了小學，一切就變調了。

老師不再問你「長大想做什麼」，而開始關注你的分數。

你的夢想開始凋零、開始衰敗。

接著到了國中，莫明其妙的升學壓力就來了。

也許你自己都不知道當你考上建中、考上北一女，你未來是能有多快樂？多有成就？

很多時候，你連自己都不知道為什麼要念書、為什麼一定要考上名校？很多時候，連期許你考上名校的父母都不知道這種行為的「目的」為何？

他們或是你，只是隱約意識到「考上名校是很不容易的」，覺得考上名校就好像很了不起似的。

考上名校當然很了不起——尤其如果你是那隻硬要和小羚羊賽跑的小鴨鴨。但如果你不是「跑得快」，又何必做自己可能不擅長的事呢？

如果你仔細觀察那些正在牙牙學語的孩童，你會從他們身上找出許多富人的特質。

他們勇於嘗試、勇敢作夢、竭盡所能發揮創意、不忌諱他人眼光、從事熱愛的娛樂、尋找自己的專長、想哭就哭、想笑就笑、

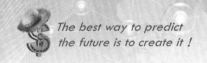

Integrity。

你羨慕這些小孩子嗎？

其實當你找到這些共同點的時候，你已經開始具備富人的基本特質了。你專注的焦點其實就是你理想中的特質。

現在，我們要幫助你找回孩提時代的夢想。

我們要請你計算幾道簡單的數學題目，你只要用計算機就能算出來，而你可能會非常驚訝於這些數字帶給你的衝擊：

To Think, To Write

一年有幾天？

一百年有幾天？

假設你能長命百歲，扣掉你現在的年齡，你還有幾天可活？

一天是二十四小時，而你還有多少小時可用？

To Think, To Write

假設你的生活、飲食、睡眠佔去一天1/3的時間，你還有多少小時可用？

現在，你或許已經清楚知道：其實你沒有多少小時可活了。

你是想為他人工作一輩子呢？還是想要改變你的世界？

《祕密》這本書講的是真的，宇宙會回應你衷心所期盼的。

當你認為你的目標是22K，宇宙很神奇地就會給你22K的結果。

而當你的目標是月薪十萬，宇宙很神奇地就會給你月薪十萬的結果。

當你的目標是億萬富翁，宇宙很神奇地就會給你億萬富翁的結果。

即使經過前面的練習，如果你還是無法想像自己成為億萬富翁的樣子，少部分非常負面的人甚至可能認為我們在胡扯、或是有著多金的父母，但是請記住：「思想是原因，環境是結果」，你的思想會忠實地創造出你的環境。

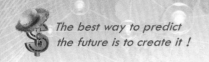

如果你從小到大被灌輸的，就是「不可能」、「你做不到」、「夢想只是夢想」、「你註定會失敗」、「別人成功是因為含著金

湯匙」等負面語言，那就努力讓這些負面的小聲音煙消雲散，然後重新裝進正面的文字。

如果你還是覺得有許多挑戰，那麼也許你目前無法感受《祕密》的神奇力量，我們可以善用你「理性」的算術能力，去計算「夢想做大」的威力有多強。

假設你不管接到什麼任務，都只能達到10%的完成率，那麼當我們給你一個任務——

To Think, To Write

假設你這輩子一定要成為百萬富翁，你會成為？

假設我們要你成為千萬富翁，你會成為？

假設我們要你成為億萬富翁，你會成為？

很簡單吧？

當你把夢想做大，即使目標達成率僅有1%，你仍然可以得到輝煌的成就。

郭特利先生也是因為把目標設定為上司指示的100倍大，所以成功協助奧圖碼從默默無名的小品牌，躍升為全球數一數二的投影機品牌。

你若想要成功，首先就不能把準心瞄向你家的天花板。

把你的準心移到窗外，看看外面的世界，去看看星星多麼璀璨——看看各個領域中最頂尖的人物是怎麼做的。

如果你的目標是升遷，你必須把目標設定在「執行長」。你的目標是要成為這家公司的執行長，否則你待在這家公司就要做什麼呢？

如果你的目標是學者，你就要把目標設在「諾貝爾獎」。你的學識與貢獻，至少要讓你的名字在維基百科上留下一筆資料，否則你在學識領域大概也不會有什麼成就。諾貝爾獎得主通常對社會都有實質上的貢獻，你也要成為他們的一員。

如果你想獲得財務上的偉大成就——你首先要Integrity、聚焦於貢獻與服務、問對問題、找出優勢領域等——你就得把目標設在富比士排行榜上。

把全球首富比爾‧蓋茲拉下王座，讓你的名字出現在上面。

比爾‧蓋茲的資產有530億美元，如果你的目標達成率是10%，那麼你將會有53億美元，目標達成率是1%的話，也有5.3億美元酷吧？超酷的！但請永遠記得賺大錢的「目的」是什麼？

現在讓我們再度問你幾個簡單的問題，來協助你達成目標。

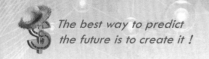

To Think, To Write

你這輩子最大的夢想是什麼？

你夢寐以求的房子長什麼樣子？有什麼擺設？蓋在哪裡？打開窗可以看到什麼？

你夢寐以求的車子是什麼廠牌？什麼顏色？什麼外觀？裡面有什麼設備？你會開著你的愛車去哪裡兜風？

To Think, To Write

你夢寐以求的伴侶，他／她長得什麼樣子？他／她怎麼待你？你怎麼待他／她？你們有多相愛？

你夢想中的孩子，長什麼樣子？他有多麼可愛？多麼聰慧？多麼孝順？多麼討人喜歡？

你夢想中的財富，它究竟富足到什麼地步？它的總價是多少？它們分別是什麼？你的財力讓你足以買下什麼？你每個月不用工作，戶頭就會進帳多少錢？

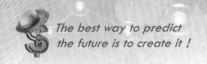

你寫下夢想的次數越頻繁，你夢想中的畫面就會越清晰，你的夢想也會越快達成。

彼得・杜拉克曾說：「我對成為墳墓裡最富有的人這件事沒有興趣。」所以大師雖然富有——儘管有90%的財富都低調捐出，仍能富達五代——卻對賺錢這件事不太有熱情。

杜拉克致力於觀察社會，洞察這個世界的未來，並盡可能對社會做出許多貢獻。

在前面我們反覆強調：當你聚焦於貢獻，你的財富就會隨之而來；當你服務的人越多，你的財富就越多。

你或許也對成為墓地裡最富有的人沒有興趣，你可能也對世界的貢獻沒有興趣。或許你只是想讓你的生命更加發光發熱而已。你可以參考《名偵探柯南》裡的鈴木次郎吉爺爺，看他的生命多采多姿，是因為他設立了很多目標，而且發願窮盡一生之力都要完成。

在魯夫的海賊團即將進入偉大的航道時，他們五人也各自設立了一個偉大的目標；在草帽海賊團於夏波帝諸島遭到「完全毀滅」時，為了不再重蹈覆轍，他們又重新設立新的目標。

你也可以設立很多目標——你衷心期盼想做的事，也就是你的夢想。你可以設定一年完成一個、或是一年完成兩個、三個、四個。

你越積極完成這些目標，你的生命就越精彩；你寫下目標的次數越多，你的目標就越有畫面；你看到你目標的次數越多，你就能越快達成你的目標。這是一個正向的循環。

現在，請你寫下你畢生一定要達成的目標，找出一本漂亮的筆記本寫上101個：

如果你有101個目標，而你每年只完成一個，你就要花101年。

如果你有101個目標，而你每年只完成4個，你還是要花25年。

然後再回頭看看之前你所計算的「存活時間」。

你還有多少時間，去實現你的夢想？

所以再問一次：你是想為他人工作一輩子，還是想要改變你的世界？

感謝耐心翻閱到此處的你！
大膽作夢！瞄準星星，你至少能射中月亮！
所以請別再瞄準自家天花板了！
祝福你擁有豐盛、富饒、恩典滿滿的生命！
Fighting！Fighting！Fighting！

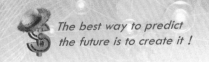

Chapter 9

銷售是致富的最有效方法

The best way to predict the future is to create it !

我來了，我看見了，我征服了。

凱撒大帝

你害怕銷售嗎？

你討厭業務員嗎？

其實，全世界最偉大的人，都是最強的業務員。他們不只銷售產品，更銷售自己的概念和團隊。

當比爾・蓋茲捐出鉅額款項、接受媒體採訪時，一位記者公然稱讚他：「您真是全世界偉大的企業家。」

比爾・蓋茲回：「不，我不是最偉大的企業家。」

記者緊張了，趕緊改口說：「您真是最偉大的企業家兼慈善家。」

比爾・蓋茲回：「不，我也不是最偉大的企業家兼慈善家。」

記者呆住了，不知道該怎麼接話。

比爾・蓋茲這時笑著說：「我是微軟公司最偉大的業務員。」

在網際網路發明前，能改變世界的，幾乎都是業務員。

他們對外「銷售」有別於世俗認定的全新觀念，逐漸得到大眾認可，建立團隊，然後開始扭轉乾坤。

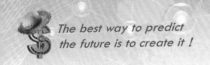

賈伯斯年輕時，常搬著蘋果一代電腦去進行產品展示，銷售他

的產品和他對「計算機」全新的詮釋。

阿道夫・希特勒靠著演講，間接造成第二次世界大戰。

國父孫中山先生奔走革命，靠著一次又一次增員式銷售型演講，毀滅清廷，改變了整個華人世界。

諸葛亮在孫吳舌戰群儒，他靠著無與倫比的智慧和洞察人心的遠見，銷售他的君主劉備，也銷售他所預測的孫吳未來，令孫吳勇於迎戰曹操，揚名後世的赤壁之戰就此展開。

戰國時代的蘇秦遊走六國，靠著銷售與業務，說服六國諸侯聯合對抗秦國。當時他身掛六國相印，幾乎可說是空前絕後。

蘇秦的師兄弟——張儀，同樣靠著銷售從鬼谷子得來的智慧，以卓越的謀略協助秦國吞併六國，最後統一中華。

你可以開始列出你所認識的所有人，有哪些人是藉由銷售來改變世界的？

網際網路發明後，同樣有人藉由分享影片或作品來銷售他們自己，也有許多人因此名利雙收的。

有人喜歡把自己唱歌的樣子上傳到網路，例如「弦子」。

有人喜歡把自己炸雞排的樣子上傳到網路，例如「雞排妹」。

有人喜歡把自己惡搞的樣子上傳到網路，例如「蔡阿嘎」。

有人喜歡把自己打電動的樣子上傳到網路，例如「魯蛋」。

其實這都是在銷售。

你可以開始列出你喜歡看的影片或節目，有哪些是屬於「銷售」？他們分別在銷售什麼？

銷售是你成功的關鍵之一。

銷售是致富的最有效方法之一。

全世界最偉大的房地產業務員——湯姆・霍普金斯靠著頂尖的銷售技巧，年僅二十七歲就成為美金千萬富翁，擁有私人飛機。

雖然他這麼年輕就賺進這麼多財富，但他並非天生就具有銷售才能。相反的，在他更年輕時，他一事無成，窮困潦倒。

讓他致富的關鍵在學習——學習最頂尖的銷售能力；還有思考——思考如何實踐所學的銷售能力。

如果你討厭銷售，或是你自認為不擅長銷售，那你很可能忽略了「你本身就必須要銷售」這個事實。

而一個人可能因為沒有從事世俗所認定的「業務員」，所以可能一輩子都不會去銷售某項商品，卻不會不去銷售自我。

你在面試、寫履歷的時候，就是在銷售自我。

你呈上企畫書給你的上司，就是在銷售你的才能。

你請託下屬協助完成公司的任務，就是在銷售你或公司的理念。

你交朋友，就是在銷售自我。

你追求心儀的對象，也是在銷售自我。

越善於銷售自我的人，他們越容易得到他人的信賴。

但這不是要你展現出「我很行」、「我很強」、「我很專業」的感覺。

這又回到了Integrity、聚焦於貢獻的話題。

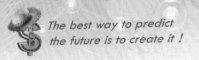

「我的業務是什麼？」、「我能為你提供什麼服務？」、「我能為你貢獻什麼？」這種Integrity為他人著想的心態，才是富人的思維，也是頂尖業務員的思維。

我們要協助你成為頂尖的業務員——就從銷售自己開始。

請你想想你熱愛的人，問自己可以給他們什麼服務？什麼貢獻？

To Think, To Write

當你不斷地為他人著想，並讓對方意識到你能帶給他幫助，你就能取得成為頂尖業務員的入場券。

你要好好保護這張入場券，因為這同時也是你邁向成功、致富的入場券。

你要開始銷售你自己給你的親朋好友，然後擴大到事業上的夥伴，然後擴大到「還未認識的好朋友」。

那些現在和你毫無瓜葛的人，都是你「還未認識的好朋友」。

當你保持Integrity、聚焦於貢獻，這些陌生人就會漸漸成為你的夥伴——其中或許有你生命的貴人也說不定。

現在請你想想，如何向你的親朋好友銷售自己？

To Think, To Write

接著，你要如何向你事業上的夥伴銷售自己？

To Think, To Write

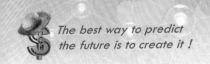

再來，你要如何向陌生人——也就是「還未認識的好朋友」——銷售自己？

To Think, To Write

9-1 完全銷售

銷售自己是你邁向成功的眾多步數之一。

然而在向他人銷售自己前，有一個至關重要的關鍵。

如果你能掌握這個關鍵，你的銷售能力就會以驚人的速度成長。這個關鍵就是——對你的大腦銷售你自己。

時間是你最珍貴的資源，而你的大腦是你最珍貴的資產。

你越把最珍貴的資源，投資在你最珍貴的資產上，你的進步速度就會越驚人。

當你花越多時間對你的大腦進行銷售，你就會充滿魅力和自信，你的銷售功力就會突飛猛進。

首先，你必須打從心底相信你的能力。

其次，你必須打從心底相信你會完成任務。

再來，你必須打從心底相信並清楚想像你完成任務的畫面。

你必須不斷對你的大腦進行銷售，你要打從心底相信你使命必達。

你完成這件任務是理所當然、無庸置疑的——你必須打從心底相信這件事。

凱撒大帝在打敗法爾奈克後，寫給羅馬元老院一封信：

我來了，我看見了，我征服了。

這封信被稱為史上最短的捷報。

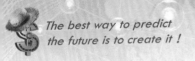

然而在他寫這封捷報之前，他就打從心裡會知道「我來了，我看見了，我征服了」。

這個信念在他心底就是無庸置疑的，他理所當然的會「我來了，我看見了，我征服了」。

這種信念是你最強的武器。

你的夢做得再大，如果內心沒有一根堅強的長矛，你一遇到困難就會退縮，更別提10%、1%的目標達成率。

當紅腳哲普要香吉士看著魯夫的背影時，他解釋：「就算全身上下有幾百種武器，有時還敵不過充滿自信的一根長矛。」

能赤手空拳打敗全身上下都是武器的敵人，就是魯夫心中堅定的「信念之矛」。

當傑克把草帽戴到魯夫頭上的那一瞬間，魯夫的腦中就有了清楚的畫面：

★ 我會再度站在你面前。

★ 我會聚集一群不輸給你的好夥伴的好夥伴。

★ 我會成為像你一樣成為了不起的大海賊～自由戰士。

★ 我甚至會超越你，成為海賊王。

★ 然後，我會對你有所貢獻，就像你甘願捨棄一隻手救我的命一樣——因為你當我是夥伴。

魯夫對自己的大腦進行反覆、強烈、雄壯的銷售行為，所以對他來說，成為海賊王已經是一件無庸置疑的事。

他知道他會遇上很多挑戰，但內心的信念讓他不斷朝海賊王前進。而且他也明白，他需要一群好夥伴，陪他一起度過難關。

所以他才會對羅羅亞・索隆同樣進行銷售：「我要成為海賊

王，當我的夥伴吧。」

但是在他決定邀索隆入夥之前，他必須反覆確認「如果他不是好人，我就不會邀他加入」。

當魯夫知道索隆願意為了全村的安寧向壞人許下承諾、堅守承諾，並且為了保護善良的孩童而佯裝成壞人時，他就打定主意要找索隆入夥。

所以魯夫非常慎選夥伴。這又回到Integrity和是否對社會有所貢獻的議題。

當他確認對方是Integrity、對社會有所貢獻、偉大的人時，他就會千方百計邀對方入夥。

而且，這個夥伴要跟他有共同的價值觀，跟他有同樣偉大的夢想，並懂得為他人著想。

所以當索隆說「我要成為世界第一的劍豪」時，魯夫回：

很好，如果海賊王的夥伴沒有這點程度的話，我也會覺得很丟臉。

這種不知天高地厚的話，也只有對自己進行「完全銷售」的人才說得出口。

你有偉大的夢想嗎？那你首先要做的事是：寫下你的夢想。

把夢想做大，越大越好。

瞄準星星，你可以射中月亮；瞄準自家天花板，你會射到自己。

讓我們再度練習一次。

你的夢想是什麼？

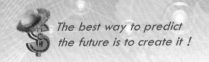

To Think, To Write

再來，你要對自己的大腦進行「完全銷售」。

你必須打從心底相信：

★你能完成這個夢想。

★你理所當然地可以完成它。

★這個夢想已經完成了。

然後，描述出你心中的畫面。

這個畫面是你完成夢想的畫面。

這個畫面是理所當然會出現在未來的，而且是不久的未來。

你越清楚地描述你心中的畫面，這個夢想就越快實現。

現在請描述你心中的畫面。你看到什麼？聞到什麼？聽到什麼？嚐到什麼？摸到什麼？感覺到什麼？你擁有什麼？

9-2 樸實的銷售

有許多書籍或是教育訓練機構，利用人對成功銷售的渴望，會教人許多銷售的話術。

然而「專精於銷售的話術」是我們非常不認同的一種教育訓練方式。有效的話術固然存在，而且能確實地提高成交率，但前提要建立在Integrity。

沒有Integrity、沒有真誠的為客戶著想，其實客戶是感受得到的。

客戶會感受到「你的焦點放在賺他的錢」，反而會開始產生排斥感。即使客戶當場沒有察覺，而掉進話術中買了單，事後還是會檢視自己的行為，進而認為自己只是掉進話術的陷阱裡，對你這個人產生更多負面的評價。

高明的話術是一把雙面刃，對的人使用，會提早幫助客戶得到幫助；不對的人使用，只會害了客戶，也會讓自己聲名狼藉。

禎祥老師年輕時從事房地產銷售業務，就是因為太忠厚老實，不會什麼話術，才會老是吃閉門羹，無法在當時黑暗的房地產界生存。但也因此，他真誠的個性受到自助餐老闆的賞識，建立屬於自己的「真誠」客戶，從而躍升為公司第一名的業務員。

即使是現在，他掌握了全世界最頂尖的行銷智慧，他依然很少使用高明的話術。能成交客戶的，往往是他那顆真誠為客戶著想的心，以及「豐盛的交換」。Integrity才是他作為業務員最大的武器。

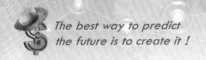

而硯峰的強項並非業務，也不習慣對新客戶進行面對面銷售，但是他對於文字領域有著超越年齡的銷售功力，他在網路上匿名撰寫的文章，往往會被列為精華文、或是轉發到各大論壇。

同時，他也很善於運用上帝賦予他的觀察力，找出問題的核心，進而對夥伴銷售他的建議，進行多維管理。

我們都很擅於對自己進行「完全銷售」，心中所想的往往會變成現實。我們督促自己，持續落實杜拉克所言的「創造未來」。

有很多教育訓練機構的講師們很會用話術銷售，組織行銷行業中也有許多很會「銷售」的老傳銷人，俗稱「大老鷹」，為什麼儘管這些講師們都是「銷售」高手，實際狀況卻是無法如期退休的無法如期退休、組織崩盤的組織崩盤，還有人在台灣混不下去轉戰大陸市場的呢？

要讓客戶買你的單，短期看來很容易，但是放長遠來看，你必須時時把客戶的需求擺在你利益的最前面，有時甚至你要付出一些代價。

但是當你這麼做，之後換來的卻是甜美的果實，你的客戶會認同你、向別人推薦你、繼續購買你的商品，甚至願意追隨你、和你同甘共苦。

當你把焦點放在「滿足客戶的需求」時，無論你說什麼話，客戶都會感受得到，當你持續真誠地為客戶著想，客戶總有一天會買你的單，而你也能順利幫助客戶得到幫助。

9-3 如果沒有錢的未來

古代有一位將軍，接到一場戰役任務。

那是一場幾乎不可能獲勝的戰役，因為對手的實力比他的軍隊強上十倍以上。

所有的人，包含他的部下，都認為這場仗毫無希望。

於是這位將軍帶著他所有的部下，以及看熱鬧的鄉民，到一間神殿，向神明祈禱。

在祈禱結束後，將軍要眾人退開，留一塊空地給他。

隨後，將軍大聲地說：「神明啊！如果這場戰役我們能夠獲勝，就讓這100枚金幣落地時，朝上的全部都是同一面吧！」

將軍豪邁地揮出手臂，大量的金幣叮叮噹噹落在神殿廣場中。所有的人都驚訝地發現：這100枚金幣，朝上的居然全部都是同一面！

一時之間，部下們士氣大振，全場歡聲如雷。

所有的人都相信這場仗必勝無疑！

將軍要他的部下把這100枚金幣全部用釘子釘在地上，並下令所有人都不許去碰這些金幣。

因為這100枚金幣是神明的旨意，而神明已經把勝利賜與他們。將軍宣告：他將在凱旋後回收這些金幣，而且他必定會凱旋歸來。

後來，將軍的部隊真的有如神助，把敵人打得落花流水。

接著，凱旋而來的將軍帶著一名心腹回到神殿，準備回收這

100枚金幣。

最後，這名心腹才驚訝地發現：原來所有的金幣，兩面的圖案都是相同的！

請寫下這段小故事給你的啟發：

To Think, To Write

除了富勒博士、彼得・杜拉克與其他少數幾名大師，很少有人能洞察未來、知道未來會變成什麼樣子的。

然而，被全世界公認最會「預言」的杜拉克，卻說出「未來無法預測，只能創造」這種謙遜又中肯的話。

請寫下你夢寐以求的未來生活，並詳細寫下你要如何創造你的未來。

To Think, To Write

如果你開始喜歡富勒和杜拉克的智慧，你可以試著寫出富勒及杜拉克有哪些預言？

To Think, To Write

當人沒有退路的時候，往往能展開潛能。

試想一個你最愛的人，或許是你的孩子、雙親、另一半，如果你沒有錢，將永遠失去他們。

或許是因為離婚失去孩子的監護權、或許因為錢不夠而失去醫治雙親的機會、或許是因為經濟問題被迫與另一半分開。

無論是什麼，如果你不在半年內立即改善自己的經濟狀況，就會失去你的摯愛。

如果你即將面臨以上的狀況，試問，你會讓自己處在現在的環境下多久？

你會現在、立刻、馬上開始想辦法賺錢了嗎？

如果會，恭喜你已經找到必須致富的原因；如果不會，或許你還需要更多時間探尋。我們希望你致富。

這個世界的富人越多，這個世界就會越美好。

你可以想出千萬種有錢帶來的益處；你可能已經寫下你夢寐以求的未來，而我們要非常務實地提醒你：你為什麼要有錢？如果你沒有錢的話，你會過著什麼樣的生活？

現在，寫下你必須致富的原因。

To Think, To Write

現在請你想像一下，想像你是一個小村的村民，每天過著平和快樂的生活。但是你們家裡不是很有錢。連吃頓好料的都要想著之後必須勒緊褲帶幾天，更遑論什麼夢想。

這可能和你目前的生活類似，而你還能忍受這樣的生活。

可是某一天，忽然有一團凶暴的海賊團入侵你們的村莊，殺掉所有反抗的人，並宣告：

從今天起，這個村子由我們統治！

每個月你們都要納貢！

大人十萬！小孩五萬！

不繳錢就拿命來換！

好了，接下來你該怎麼辦？

這是《ONE PIECE》中女主角娜美的劇情，暫時先不討論暴力、自由與金錢之間深奧的關係，單單把焦點放在「如果沒有錢，就拿命換」的問題上，你要如何解決這個問題？

你有辦法每個月多擠出十萬元來換自己的命嗎？你有辦法每個月多擠出幾個五萬元救自己的小孩嗎？

以娜美為例，她因此當上海賊小偷，決定用一己之力偷到一億元，買下整個可可西雅村。當然，娜美的手段稍微負面，卻因為是偷壞人的錢而不會覺得良心不安。

重點是，當你遇到和娜美相同的情況，你會竭盡所能、甚至不擇手段、誓死達成目標嗎？

你或許會以為這是漫畫的極端例子，和你沒有關係。

但我們可以跟你分享一些小故事，讓你了解到這種「沒錢，就拿命來換」的生活，其實就在你我周遭不斷、不斷、不斷地上演。

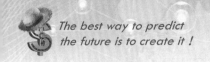

例如——

一個溫柔內向、家境較為拮据的少女，因相戀而嫁給一位年輕有為的實業家。她為丈夫生了兩個孩子，日子過得幸福又和樂。

但某一天，丈夫忽然被某個酒駕的人撞死了。

丈夫的父親，也就是妻子的公公，早就看這個貧窮的媳婦不順眼。這位年邁的富豪認為，窮媳婦只是想要竊取他們家的財產才嫁給他兒子的。

於是他向律師控訴：這名女子沒有經濟能力、沒有足以讓孩子得到經濟效益的知識。他的孫子跟著媽媽只會受苦受難。他有權取得孩子的監護權。

老富豪權大又勢大，恐龍法官又受賄，便判定：這名女性如果無法在一定期限內證明自己的財務能力，就會喪失孩子的監護權。

所謂證明財務能力的條件是：半年內賺到100萬。

想像你是這名年輕的母親，如果不在半年內賺到100萬元，你將有可能永遠見不到自己心愛的孩子。

如果是你，你該怎麼做？

To Think, To Write

再舉個例子。

你深愛你的女朋友。

你用生命去愛她，把她照顧得無微不至。而她也如此回報你，她對你的愛甚至比你更深更濃。

某天，她忽然感到身體不適，體貼的你，馬上帶她去醫院檢查。

在經過一系列精密檢查後，醫生判斷，你的女友因長期接觸塑化劑、毒澱粉和食品添加劑，得了癌症，而且相當嚴重了。如果不馬上接受治療，你的女友即將在半年內死在你懷裡。所幸最近有科學家研發出一種特效藥，可以大幅提升你女友的存活機率，甚至根治癌症。

但這個特效藥，要價1000萬台幣。而且越晚治療，你女友的存活機率越低。

好了，現在你要如何在半年、甚至更短的時間內賺到1000萬台幣？

To Think, To Write

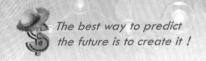

根據最新統計，每3分25秒就有一個人得到癌症，每3分25秒就有一個真實的故事被報導出來。災難總是來得如此勤勞，讓千千萬萬人措手不及。

如果你身體不健康，你就有可能面臨這種類似的絕境——也許下一個3分25秒，換你或你的家人得到癌症。

如果你腦袋不健康，當你遇到這樣的不幸，你完全想不到有什麼辦法可以解決它——你不知道如何搬進大量的錢，你甚至不知道你的身體為什麼不健康。

如果你口袋不健康，當絕境忽然降臨，你就幾乎沒有什麼時間去應變它。有時，你擁有再強的搬錢能力也沒用，因為時間是賺不到的。

這就是我們要讓更多人身體健康、腦袋健康、口袋健康的原因。所以我們提供健康的飲水和餐飲，讓公司夥伴和客戶都吃得健康；我們提供完善且頻繁的知識與教育訓練，讓公司夥伴和客戶都有一顆健康的腦袋；我們尋找對的人和對的企業進行合作，讓我們和合作夥伴的口袋健健康康。

我們無法預知你的未來，但你可以自己去創造它——用身體健康、腦袋健康、口袋健康的方式。

現在，請你寫出你要如何讓你身體健康、腦袋健康、口袋健康的方式，以及為什麼要有錢的原因：

To Think, To Write

感謝耐心翻閱到此處的你！
記得！預測未來最好的方式是創造它！
你可以創造你夢寐以求的未來！
用身體健康、腦袋健康、口袋健康的方式去創造！
祝福你擁有豐盛、富饒、恩典滿滿的生命！
Fighting！Fighting！Fighting！

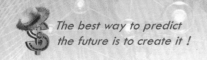

Chapter 10

是什麼阻止了你成功？

The best way to predict the future is to create it！

一個人所做的任何決定，不是「追求快樂」，就是「逃離痛苦」。

潛能激發大師——安東尼·羅賓

我們觀察絕大多數社會上的成功人士，或者我們世俗眼中的「有錢人」，他們一定都有過非常強烈渴望成功與致富的動機。

人類在兩大動機之下，會有強烈的改變。一是追求快樂，二是逃離痛苦。

當人在絕境感到痛苦的時候，就會產生非常想要改變的強烈慾望。

這也是為什麼九成以上在台灣或是世界各地的首富、企業家，幾乎是白手起家，並且出身貧寒。而他們的故事，也成為人們津津樂道的話題。例如王永慶、郭台銘等。

而有一批人，他們則是為了追求快樂。矽谷創業家們，就是很好的案例。例如YouTube創辦人陳士駿、facebook的創辦人馬克·祖克柏、微軟創辦人比爾·蓋茲……等。

每個人想要逃離的痛苦與追求的快樂並不相同，但無論如何，你必須找到自己熱切渴望改變的動機。

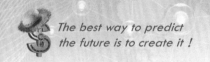

10-1 驅動力來自痛苦與快樂

在禎祥老師小的時候，父親的工作是經營食品工廠。在當時的環境下算是小有規模，而且日子過得不錯。

但七歲那年他父親驟世，家庭遭逢劇變，使他從原本的公子哥兒變成需要仰賴兩份救濟金的三級貧戶。在那之後，禎祥老師忽然驚覺到金錢對於人生的重要性。

從此他心中就埋下一顆很深的種子：未來有一天，我一定要賺大錢。

而這樣的劇變，也成了讓禎祥老師後來在房地產能夠咬牙吃苦的主要原因。

而硯峰雖然就讀名校，大學期間卻像杜拉克一樣每天翹課去做自己喜愛的事情，也因此他大學延畢了兩年，如今他卻一點也不後悔。

在他的驅動力中，追求自由、追求樂趣、追求平安喜樂的成分，比逃離痛苦占的比率更高一點。和其他人不一樣的是，他真誠地面對自己內心的聲音，並且勇於特立獨行，主動尋求未知的領域，持續用更高的標準要求自己，其目的是為了保護現在及未來的家人能在持續變革的經濟環境下生存。

我們都拒絕枯燥乏味的工作，進入一個行業時，我們都會觀察這個行業最頂尖人物的生命、生活和生計水準是不是我們嚮往的。如果不是，我們會果斷地放棄、離開。

致富不是一條輕鬆的路，你必須要有強烈渴望改變的動機，這個動機可能是你：

★ 受夠了一團混亂的生活。

★ 受夠了每個月錢不夠用。

★ 受夠了必須要看丈夫臉色才能過日子。

★ 受夠了要幫孩子買一套書都必須咬緊牙撐上三個月。

★ 受夠了父母只會天天嘮叨你到底賺多少錢。

★ 受夠了喝一杯咖啡都必須在腰帶上打三個結。

★ 受夠了和朋友去吃飯需要來回比較菜單上的價錢。

★ 受夠了記憶裡被人譏笑沒錢的痛苦。

★ 受夠了日復一日扼殺靈魂的工作內容。

無論是什麼，只要這些是能讓你下定決心改變的事，都是好事。

在我們成長的經驗裡，要不就是讓這些經驗打敗你，要不你就轉化這些負面經驗，成為奮發向上的動力。

如果沒有遭逢家庭遽變，禎祥老師也不會有勇氣十幾歲時獨自一人北上找工作。如果沒有這些挫折，禎祥老師也沒有力量忍受房地產環境的高溫與高壓。

但回過頭，他知道是什麼力量支持著他走到後來的成功：是那個發自心底深處，熱切渴望能讓生活過得更好的心。

「追求快樂」與「逃離痛苦」是你兩種最主要的行動原因。

快樂和痛苦是你最原始的驅動力，你想都不用想，你自己就會感受到這種神奇的能量。

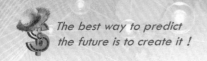

就好像電車要有電、汽車要有汽油一樣，你必須要有能量、有驅動力，你才會不斷前進。

很多時候，你會拚命去試著完成某件事，而你卻連自己都不知道你為什麼要完成它。

你為什麼感到快樂？你為什麼感到痛苦？

當你多問問自己這些問題，你自然就會找到你生命中的本質。

To Think, To Write

能讓你感到快樂的是什麼？

能讓你感到痛苦的是什麼？

一般的上班族可能沒有找到自己的優勢領域，沒有真正了解自己上班的目的，所以日復一日地重複相同的工作。

但是對很多人來說，上班並不好玩。它沒有符合你的熱情、沒有符合你的強項、沒有符合你的經濟效益。

就算你年薪百萬，若你立志要成為億萬富翁時，你還是必須不吃不喝100年才有可能達成。

但你還是要上班。連你都不知道「為什麼你必須要上班」。

很多人會說「沒辦法，還是要去」，然後開始當鴕鳥，繼續乖乖打卡。

日復一日的說服自己「一定要上班」。

日復一日的說服自己「不上班不行」。

日復一日的說服自己「一定要到公司」。

漸漸地不去思考，漸漸地變得麻木不仁。

如果你常問自己「為什麼」、常保Integrity，你就不會麻木不仁。因為真正促使你前進的，應該是「追求快樂」和「逃離痛苦」。

所以我們要請教你，無論你現階段是學生、是上班族、是任何一種行業，驅使你持續從事這項行業的，究竟是「追求快樂」？還是「逃離痛苦」？

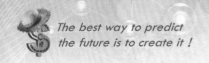

10-2 向痛苦說永別

和「追求快樂」相比，「逃離痛苦」的驅動力似乎更強些。

因為人類在本能上會逃離痛苦。

肚子餓了就會想要吃飯；身體疲倦了就會想要睡覺；受傷了就會想要去治療抑制疼痛。

大多數人都會想要逃離痛苦，除了對痛苦有特殊癖好的人以外。

你上學、補習、考試，會感到痛苦嗎？

你上班、工作、加班會感到痛苦嗎？

當你花錢在不得不消費的民生用品時，你會感到痛苦嗎？

當你買了房買了車，為了繳房貸車貸而不得不工作時，你會感到痛苦嗎？

許多人會為了賺取微薄的薪資，不得不委曲求全，為兩斗米折腰、折腰再折腰。

當你不得不做你不熱愛的事情時，你就會感到痛苦。

為了幫助你增加快樂、減少痛苦，我們要提供幾個問題。你要Integrity、真實、真誠地面對你內心深處的感受。

你目前的生活周遭中，有什麼人、什麼事、什麼物，會讓你感到痛苦？

To Think, To Write

這些讓你痛苦的選項，可能有許多是你認為「不得不做」的。舉例來說，許多人認為上班很痛苦，但是為了生計不得不上班；補習很痛苦，但為了考上好學校不得不補習。

《有錢人想的跟你不一樣》的作者哈福・艾克曾經問：「如果有一張五十元鈔票、跟一張一百元鈔票乘著風朝你飛來，你要撿哪一張？」

也許你會想：一百塊那張。

但哈福・艾克會說：「你們華人真的很奇怪。為什麼不兩張都要？」

遠離痛苦和你做這些讓你痛苦的事的目的，你或許認為只能兩者擇一。但往往事實上是，其實你可以「兩個都要」。

舉例來說，你認為上班很痛苦，而你上班的目的是為了維持生計，那麼，你何不想一個方法，讓你可以既能不上班、又能維持相同水平的生活品質？誰規定一定要上班才能持續維持生計呢？

現在我們要請你「思考」——想出一個方案。

你要如何遠離那些目前讓你痛苦的東西、同時能達到你原本做這些事的目的？

To Think, To Write

如果讓你花錢也能賺大錢，你會有興趣嗎？你有多渴望知道花錢又能賺大錢的方法和策略？你有多渴望知道吃喝玩樂也能賺大錢的祕密？

很多時候，有錢人想的跟一般人真的不一樣。

你必須常常練習去思考「如何兩個都要」、「如何讓每個人都贏」，這是富人的思維。

當你習慣用富人的思維去思考事情，你就會發現生命開始變得不一樣。

首先你要學習如何「逃離痛苦」。

「逃離」和「逃避」是不一樣的。

當你能用不痛苦、甚至快樂的方式，達到你原本設定的目標，你的思考能力就往前邁進了一大步。

10-3 快樂是人生的關鍵

「追求快樂」是你另一個強大的驅動力。

因為快樂、因為好玩、因為有熱情，你才會持續去追求。

就像我們寫這本書一樣，過程很好玩，同時可以幫助你的生命更好玩——只要你撐過Integrity地檢視自我所帶來的掙扎和糾結，那你的生命就會開始翻轉。

五歲的時候，媽媽告訴我「快樂」是人生的關鍵。

上學以後，他們問我長大的志願夢想是什麼？

我寫下「快樂」。

他們說我沒搞清楚題目。

我告訴他們是他們沒搞清楚人生。

已故披頭四團員約翰．藍儂

許多人會告訴你上班族的生存之道，他們會給你灌輸一些觀念——更多的時候是洗腦——讓你覺得上班本身是有意義的。

上班本身當然有意義，但如果這個「意義」不是你衷心期盼、不是你內心深處真誠、誠懇的聲音，你就只是在欺騙自己。

正如前面所提：窮人不願對自己Integrity。

在前面「優勢領域」的章節中，我們已經請你試著找出你熱愛的領域。

現在，我們要讓你常常快樂起來。

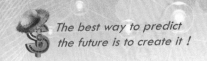

To Think, To Write

請問你在什麼情況下，會由衷感到快樂？

請問你要如何在生活中，時時刻刻融入上題中讓你由衷感到快樂的情況？

如果你能認真寫下這些問題的解答，你不但能同時達到「逃離痛苦」和「達到經濟效益」的目的，也能在你的生活中時時刻刻感到快樂。

如果你能把痛苦的事轉化成快樂，你就有能力解決更多問題，你的思考能力就會大幅提升，而且讓你的生活充滿樂趣。

10-4 我兩個都要用

那麼原始驅動力要用「逃離痛苦」？還是「追求快樂」好呢？

答案是：兩個都要。

草帽海賊團一開始的驅動力，是每個人心中那個偉大的夢想，這是屬於「追求快樂」的層面。但是到了夏波帝諸島，草帽海賊團遭到「完全毀滅」時，他們的驅動力就添加大量的「逃離痛苦」。

為了不再戰敗，所以要努力修練。

為了不再失去夥伴，所以要努力修練。

為了不再悲痛萬分，所以要努力修練。

在分開的兩年中，草帽海賊團每個人都在尋找更新的突破點、更卓越的戰鬥能力、更適合自己優勢領域的戰鬥風格，於是兩年後，當草帽海賊團再次出航，每個人都具備獨當一面的能力，即便是非戰鬥人員，也有冷靜對戰、打敗強敵的能力。

其實，無論是「逃離痛苦」還是「追求快樂」，都是為了加強你的決心。如果從一開始，你就有無法動搖的決心去達成某個目標，那自然是最好；如果沒有，那你可能還需要一點刺激。

只是請注意，天無絕人之路。禎祥老師當時負債兩千萬、身無分文、內傷累累、女友又對他不忠實，都有一連串的機緣巧合讓他從死蔭幽谷中翻身，最後娶得美嬌娘、享受天倫之樂了，更何況是一般人呢？

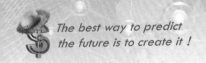

硯峰曾經聽過某位年輕包租婆分享親身經歷，這位包租婆之所以會下定決心專研房地產，並且在數年內以三十多歲之齡獲得財務

自由，是因為她的父親因還不出債務而上吊自殺。她的父親負債多少呢？不過才區區三十萬台幣而已。

不夠富裕沒關係，但我們比較擔心有許多人的人生信念僅有「好好念書、努力工作」一條準則，當這些人認為這條準則是死路時，可能自己也跟著走上絕路。

條條大路通羅馬，只是有的路需要披荊斬棘，有的路已經有前人幫你開拓過，但沒有一條路是死路——除非你自己認為是死路。

「逃離痛苦」，絕對不是叫你拿生命來換取逃避。

「追求快樂」，也絕對不是叫你提早上天堂。上帝怎麼會開門迎接那些放棄自己的人呢？

10-5 貪婪與恐懼

人都會貪婪，也都會恐懼。

貪婪和恐懼是讓你喪失理性的最大敵人——儘管「理性」並非成功唯一的致勝因素。

現在請你列出容易讓你產生貪婪慾望的人、事、物，以及什麼時候你會感到貪婪？

To Think, To Write

再來，請你列出容易讓你產生恐懼的人、事、物，以及什麼時候你會感到恐懼？

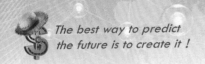

To Think, To Write

貪婪和恐懼是非常矛盾的一種情緒。

窮人為什麼窮，因為他們很容易輸給恐懼。或許是恐懼自己和家人沒有錢過日子；或許是恐懼他人對自己有負面的評論；或許是恐懼其他的東西，例如「被他人拒絕」、「失敗」或「恥辱」。

然而，這些所謂的恐懼，全來自於你自己的想像。

真正的恐懼來自於無知，無知又產生負面的想像，再被負面的能量無限放大。

就好像死亡或鬼魂一樣，人人害怕死亡或鬼魂，是因為不了解死亡和鬼魂。

人類對死亡充滿無限想像——從正面來看，也同時衍生出各種文學作品——因此才有陰間地府的存在。

哈利・波特不畏懼死亡，慷慨就死，這才能戰勝佛地魔王。

彼得・杜拉克稱之為「曠野中的先知」的精神導師巴克敏斯特・富勒博士，也參透了死亡的真諦。

在富勒博士的伴侶即將往生時，富勒問：「老太婆，妳要我去陪妳嗎？」他的妻子點點頭，就此長眠。當晚，富勒也跟著安祥地睡了。

我們可能窮極一生，都無法達到富勒博士說走就走的境界，但我們至少可以做到「了解恐懼只是想像」這種程度。

你怎麼知道創業一定會失敗呢？

你怎麼知道投資一定會失敗呢？

你怎麼能用「負面的想像」來論斷你從未到過的地方呢？

你怎麼能用「負面的想像」來論斷那些成功人士「金湯匙」、「利用人脈」、「狗運亨通」，自己永遠也不可能這麼「幸運」呢？

現在，請你在之前你所列出的恐懼列表中，找出讓你恐懼的原因。

你可能會發現，這些會讓你恐懼的項目，多半只是來自於你的想像。為什麼你會有這些想像呢？你的負面想像從哪裡來的呢？

你對上台演講感到恐懼嗎？你怎麼知道觀眾會不會朝你丟爛番茄呢？

你對和總經理抬槓感到恐懼嗎？你怎麼知道總經理會不會對你噴口水呢？

你對改變世界這麼好玩、又很酷、又很有實用價值的任務感到恐懼嗎？你怎麼知道你註定會失敗呢？失敗了又怎樣？

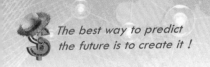

如果你試著去行動，你會發現上台演說會是一件很好玩的事，

同時它能讓你快速致富。

如果你試著去和你家的總經理抬槓，你說不定會發現你的總經理其實非常和藹可親——如果一個人不夠和善，是當不成總經理的。

如果你試著去改變這個世界，你說不定會發現其實你的能力不只如此——只是你讓自己被恐懼限制住了。

現在，請你寫下你以往夢寐以求都想做的事，並把你對這些事情的恐懼拿掉，用正面的文字激勵你自己呢！

10-6 賭博、投機和投資

賺錢的方式有千百種，而賺錢的心態大致分為三種：賭博、投機、投資。

窮人喜歡賭博。

他們自以為自己在投資——比如買了幾張好像很好賺的股票——其實他根本不了解他們的投資標的。他們根本不知道一分錢可以帶來多少回報。

窮人不願意學習和思考，喜歡找藉口而不喜歡找機會，同時害怕了解真相——恐懼讓他們寸步難行，並且變得越來越無知，也越來越窮。

商人喜歡投機。

他們自以為是投資，其實想要貪小便宜。他們想要用一分錢換取十分的報酬。

商人喜歡找一些可能謀取暴利的投資標的，讓貪婪驅使著他們前進。他們不顧對社會與世界的毀滅，只要自己能賺錢就好。他們讓他人承擔一切風險，自己窩在安全的角落數鈔票。

商人貪婪的同時也非常矛盾地恐懼著。他們渴望自己獲取暴利，同時害怕自己沒有獲取暴利，所以會用各種手段去包裝他們的投機風險，並對外宣稱這是投資。

商人不聚焦於貢獻。於是，信用違約交換、次級房貸、複雜的金融衍生性商品、金融海嘯，一個個糟糕的制度引發一個個糟糕的災難，高潮一波接著一波。

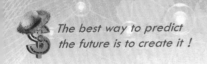

貪婪總是會讓人失去自我。貪婪會讓人無法聚焦於貢獻與服務，並且在得到之後還想要再得到更多。

貪婪可能會讓你「有錢」，但決不會讓你「致富」。

現在，就請你在你之前所列出的貪婪列表當中，找出讓你貪婪的原因。

富人喜歡投資。

他們知道一分錢只會有一分回報，而且要付出至少一分的努力。

富人會很好地控制他們的貪婪和恐懼，他們不玩投機性的金錢遊戲，而是聚焦在操作金錢的人是否Integrity。

杜拉克認為，富人的財富來自於「服務客戶」與「提供好產品」，而不是金錢遊戲，因此遵照杜拉克指示的企業家都獲得非凡的財富。

雷曼兄弟破產前六個月，曾致電給巴菲特，希望他能投注40億美元。巴菲特婉拒了。美國最大的房地產公司房地美也曾要求巴菲特進行投資，巴菲特同樣婉拒了。

短短六個月後，雷曼兄弟宣告破產，引發金融海嘯。房地美和姊妹公司房利美受到衝擊，轉向美國政府求助，最後倒楣的是繳稅的人民。

真正的富人不玩投機性的金錢遊戲，他們把錢投資在擁有良善核心價值的企業上，穩紮穩打地進行「麥當勞致富計畫」，最後累積巨大的財富。

你有興趣知道富人的「麥當勞致富計畫」嗎？

更多的詳情將在後面的章節和作品一一介紹，或是至書末報名我們的講座。

如果你想要賺大錢，你可能要先克服貪婪和恐懼這兩種負面情緒。

你要把這兩種負面的驅動力轉化成正面的驅動力。

「追求快樂」和「逃離痛苦」是比較正面積極的一種選擇。然而最好的是「使命感」、「核心價值」、和「聚焦於貢獻」。

我們在前面幾個章節和你分享富人的諸多特質。在進行下一個階段前，我們由衷地盼望你至少具備一樣的富人特質，並運用這項特質，創造一個屬於你的財務藍圖。

現在，請你運用你最珍貴的資產——你的大腦——想出一個不會讓你貪婪、也不會讓你恐懼的致富計畫。

To Think, To Write

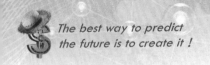

富人腦袋裡想的總是和一般人不一樣。

你可能以為他們都在研究錢，其實他們都在研究人。

你可能以為他們常關注著某家公司的股票曲線，其實他們都在關注這家公司的核心價值、行動是否與其價值觀相符。

你可能以為他們都很小器，其實他們都是很慷慨大方、樂於分享致富之道的好人。

我們曾經認識一位非常富有的美國人士，儘管語言不通，他卻非常熱情地歡迎我們搭飛機去他家裡玩，而且打算招待我們去迪士尼樂園。

這個人的目的是想圖些什麼嗎？老實說，當時他根本不知道我們是誰。

感謝耐心翻閱到此處的你！
記得，貪婪和恐懼是影響你致富的兩大敵人！
打敗它們！你的致富之路就會順暢許多！
祝福你擁有豐盛、富饒、恩典滿滿的生命！
Fighting！Fighting！Fighting！

Chapter 11

富人的小祕密

The best way to predict
the future is to create it !

台灣，謝謝！

2013/3 WBC世界棒球賽台灣對日本時日本球迷立牌字樣

恭喜日本。

2013/3 WBC世界棒球賽台灣對日本時台灣國旗標語

西元2013年3月8日的世界棒球賽中，台灣對日本一役精采絕倫，打得高潮迭起。

最後雖然台灣以3：4落敗，卻是雖敗猶榮。台灣球迷非常有風度地在青天白日旗上寫：

「恭喜日本！」

而日本球迷也在立牌上寫：

「台灣，謝謝！」

由於他們寫的是中文，顯然不是寫給日本人自己看的，而且這種立牌出奇得多，甚至寫上「捐贈」等幾個大字。

原來日本球迷的這句話，本意並非是為了感謝台灣球迷雖敗猶榮的風度，而是針對台灣在311大地震時對日本伸出援手一事，特地到球場致謝。

日本觀眾在日本球迷的觀眾席上，高舉感謝競爭對手的話，理應會遭到國人白眼，但這種舉動卻令兩國人民大為感動。

因為他們有許多人是台灣賑災款直接或間接的受惠者，並且一到球場就高舉立牌，彷彿他們真正的目的並非在球賽，而是想藉著這難得的機會向台灣獻上最真誠的謝意。

而台灣球迷則在大大的青天白日滿地紅上，寫上大大的：「恭喜日本。」並且鼓舞歡慶。彈丸島民，卻有泱泱大國的胸襟。這就是李連杰飾演的《霍元甲》一片中，霍元甲提倡的「以武會友」。

然而隔天新聞卻報導：這些明星球員每月領多少、待遇有多爽、怎樣打爆日本……媒體素質可見一斑。

這些傳媒到底是愛棒球？還是愛贏？還是愛報導似是而非的東西？

接下來我們想要和讀者分享富人諸多小特質的其中一個：

富人會釋放正面能量。

舉凡微笑、友善、問候、感謝、鼓勵、讚揚和舉手之勞，都是富人最喜歡分享出去的東西。

這些東西本身就是一種正面意圖凝聚而成的正面能量，它會在你周圍繞上一圈後，以更大的規模回到你身上，然後再透過你轉變成更大的正面能量。

就像偉大的航道中，那種無比龐大的海底漩渦。這種人類無法理解與抗衡的力量，也是宇宙的法則之一。

就像Integrity一樣，順應它，你就一帆風順；忤逆它，你就糟糕透頂。

舉例來說，你今天出門時，你送給你家的大樓管理員一個微笑。這個無意的小動作，可能令大樓管理員感到心情愉快。

大樓管理員因為心情愉快，送給社區的一名小孩一顆蘋果，並且順便向孩子的母親道聲早安。

這位母親覺得心頭暖暖，在今天下午收快遞時，隨口稱讚了一個送快遞的年輕送貨員，說他手腳俐落。

這名送貨員可能是個菜鳥，無意間受到稱讚，頓時感到自信滿滿。剛好這名送貨員當晚家裡要幫爺爺慶生，爺爺問起孫子的近況，這名送貨員就把這件事告訴了爺爺。

爺爺聽了之後心情大好，隔天到了公司，又看到他其中一名下屬經常面露微笑，就特別注意這名下屬。

過沒幾天，爺爺發現這名下屬表現良好，就請他到餐廳一起用餐。說不定這位爺爺是這家公司的董事長，也說不定你就是那位下屬。

這是很神奇的事。

你無法預測一個微小的變數，能對未來造成多大的轉變。就如同蝴蝶效應——南半球的一隻蝴蝶多搧了幾下翅膀，就可能在世界另一端造成龍捲風。

所以，你要試著去釋放這種免費、正面的能量，它會乘上好幾倍，再回到你身邊。

當你接受了它，再把它轉成更大的正面能量，然後它又會帶著更大的能量，重新流到你身邊。

當你親身感受過這種被正面能量包容的感覺，你光是細數恩典，就會淚流滿面。

現在，我們想要協助你釋放這種微小的正面能量，它是輕鬆的、免費的、不花什麼力氣的。

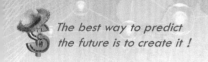

你免費的正面能量，包括微笑、友善、問候、感謝、鼓勵、讚揚和舉手之勞。

請你回顧你的生命，你具備哪種最多的免費正面能量？你要如何放大這種正面能量？

To Think, To Write

免費的正面能量，尤其是讚賞，依Integrity與否，會有不同的效果。當然，你是真誠的付出，或是為了回報而付出，宇宙會知道。

居心叵測的人，在稱讚別人時，並不會Integrity。他並非真誠地稱讚別人，其目的是想讓自己更受歡迎、或是取悅他人以待日後獲利。

Integrity的人在稱讚人時，是發自內心的讚賞，他會為了鼓勵他人、給他人自信、給予適當且正面的能量，而沒有意識到自己是否有利可圖。

Integrity是富人最重要、最強大的祕密武器，也是杜拉克再三強調的品格。Integrity與否，會決定你釋放出的能量是否正面，甚至是否負面。

現在請你回想，你在什麼情況下會釋放免費的正面能量？當你釋放這些能量，是否Integrity？

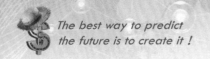

11-1 慶祝的能量

富人有許多小祕訣，其中一個就是「熱愛慶祝」。

請你仔細回想，我們在什麼情況下會慶祝？

比賽勝利時？金榜題名時？還是樂透中獎時？

「慶祝」是一種高頻率、高能量的正面能量爆發，它會引起周遭他人正面能量的共鳴，在一瞬間就捲起正面能量的旋風。

富人有事沒事就在慶祝。當你初次接觸他們，你可能一開始會不習慣他們的熱情活力、友善慷慨、貢獻與關懷。

他們連一點小事都會慶祝——孔雀魚生個小孩他們都會嘻嘻哈哈，讓自己去習慣沉浸在正面能量的環境中。

你可能會訝異：這個世界哪來這麼多事情好慶祝？

當你生活在無聊困頓的環境，你自然會認為沒有什麼事好慶祝，因為你自己就認為你的生活很無聊了。

但是當你願意用正面、積極的角度去重新檢視自己的生活，你會發現你的生命如此好玩，而且真的有許多事情值得慶祝。

請記得，「思想是原因，環境是結果」。

魯夫的海賊團，沒事就在開宴會、演奏音樂、製造有趣的小麻煩，讓生活變得更有樂趣。

尼克・胡哲是一名海豹肢患者，這是一種生下來就沒有四肢的罕見疾病。他連生活都難以自理，更遑論牽著心上人的手共度餘生。

但是當他走過人生的死蔭幽谷，他變得比任何人都更有熱情、更享受生命，並在2012年結婚，甚至育有一子。

海倫・凱勒幼年因急性腦炎導致失明又失聰，她看不見、聽不到、又因而學不會講話，卻仍舊努力堅強地活下去。

所以，你若從生下來就四肢健全，看得到又聽得見，實在是一件值得歡慶的事。如果你曾經口袋緊到要靠喝水度日，那就會覺得吃飽穿暖是一件非常幸福的事。

仔細觀察你的生活周遭，一定有一些讓你值得歡慶的事。把這些事記錄下來，它們是你正面能量的種子，並請你努力放大這些正面能量。

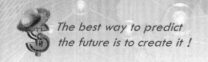

11-2 神奇的捐獻能量

在今天已經如此進步的地球上，仍舊有極為大量的民眾因飢餓而死亡。在撒哈拉以南的非洲和南亞，有大量的兒童因飢餓和營養不良而死在母親的懷抱中。

即使你一無所有，但你生在台灣，不太可能因飢餓而死。

因此，這正是你展現貢獻與服務的時候。

你可以捐款，捐給你感興趣、想要有所貢獻的基金會。

你可以選擇捐款給致力於拯救飢荒的基金會、你可以選擇捐款給致力於拯救罕見疾病的基金會、你也可以選擇捐款給致力於拯救地球環境的基金會……更可以親自參與，來一趟公益之旅。

比爾・蓋茲將微軟公司交給接班人後，就將全部心力放在根絕小兒麻痺和解決世界上不公平的事。

功夫皇帝李連杰為了成立壹基金，也逐漸淡出演藝圈。他的理念是「每一個人，每一個月，只捐一塊錢，成就偉大的貢獻」。

你可能會想：這些人都是有錢人，才有錢有閒去做這些捐款的事。但我們要提醒你：致富的原則是要先有貢獻與服務，才會跟著有錢，而你的財富和你所服務的人數呈正比。

比爾・蓋茲的微軟系統服務了幾近全世界的人，因而致富。李連杰也因為貢獻他的武打技術，再利用電影作為槓桿，服務了中外廣大群眾。

捐款這件事，是非常神奇的事情。你所貢獻的金錢，會乘上幾千幾萬倍，變成另一種形式的財富，重新回到你身邊。捐時間、捐專長、專業也是。授之以「漁」也可以是。

這些「基於良善意念而貢獻出去」的金錢，在這世界繞上一圈後，會帶來更大的財富旋風，在你周邊縈繞，成為你的祝福與資源。

基督教會中的「十一奉獻」，也是基於同樣的理念，甚至還矢志傳遞幸福的聲音——福音。

你可能會在路上遇到某人在向你布施，不用客氣，和他結個善緣吧！

你可能會在路上有基金會請你填問券、請你捐獻，也不用客氣，慷慨解囊一下吧！

你可能會接觸到各式各樣的社會型企業，營利的目的是為了對社會產生更大的貢獻，不用客氣，好好交個朋友吧！

想想你所遇到的一切需要幫助的人和組織，想想自己能為他們貢獻什麼，然後把它寫下來。

你可能會擔心基金會、社會型企業、非營利組織等，會不會拿你辛苦賺的錢去亂花、亂幫助不該幫助的人。

所以你才要了解管理，才要了解彼得・杜拉克與富勒博士，因為管理適用於一切營利組織和非營利組織，甚至學校社團。

除了政府有弔詭的提撥預算制度，必須拚命把預算用光以避免下次預算被砍之外，大概不會有什麼組織在營運時喜歡亂花錢。

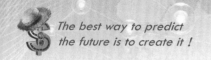

11-3 文字代表力量

在YouTube上有一支影片：文字的力量。

這是個不到兩分鐘的影片，劇情描述一位女性如何只用一行文字幫助一位盲人乞丐。

你可能會很訝異，僅僅只是一行字，竟然能讓這名盲人乞丐的「營業額」大幅提升。

原因在於這段文字非常令人感動。

現在請你試想，那位女性用什麼樣的文字幫助那名盲人乞丐？

這邊就不透露那段文字究竟寫了什麼，我們要談的是：「文字」本身就是一種力量。

文字是由象形、會意、形聲、指事、轉注、假借而來，所以音樂、圖像等都是想像力。

從早上起床開始，你所看到的第一個「文字」就擁有強大的力量。

請你試想，當你每天早上起來，就看到「快樂」兩個字，連續100天後，你的心情會是快樂、還是沮喪？

再請你試想，當你每天早上起來，就看到「沮喪」兩個字，連續100天後，你的心情會是快樂、還是沮喪？

成功致富的其中一個祕訣在於：注意你的思想、管理你的大腦。但沒有經過正確且長時間的訓練，你可能沒辦法在短時間內管理你的大腦。

但文字本身就擁有影響大腦的強大力量，而改變它們並不困難。

你所說出口的每句話、你所聽到的每句話、你所看到的每段文字、你所寫下的每段文字，都擁有你無法想像的強大力量。

現在請你回想，你每天早上起床後，第一個接觸到的文字或語言是什麼？如果你不滿意，你要如何改善這種情況？

To Think, To Write

如果你每天早上起來，就對你枕邊的伴侶說：「早安！和你在一起是我最大的幸福！」

當你持續釋放這種正面的能量和力量，持之以恆100天，你會發現你的伴侶變得更加光彩奪目、更加明亮動人、也變得更加愛你。

你藉由正面的文字所釋放的正面能量，會經過你伴侶的內心，讓他回饋正面的能量給你。你們兩人會創造出只屬於你們的甜蜜小漩渦，讓你們的關係更加親密。

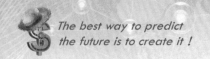

現在請你想出一句用來對你最親密的伴侶所說的話。如果你是單身，你可以想一句用來對自己說的話。

這種訓練可以幫助你或你的伴侶成功。關鍵在於持之以恆，而且Integrity。

但相反的，如果你一早起來，就對你枕邊的伴侶說：「我怎麼會瞎了狗眼和你這種人在一起？」

首先，就算你覺得自己選錯伴侶，也不要把自己比喻成某種畜生。就像某位顧客因為不滿某公司的產品，在客訴單上面寫「只有白癡才會購買你們的商品」，而被客服人員回覆「請您不要這樣批評自己」一樣。

其次，你越是批評你的伴侶，你的伴侶就會越討厭你。到最後，你們中間會累積非常多的負面能量，而且總有一天會爆發開來，毀掉你的人生。

現在，請你回想你每天早上起床所說的第一句話是什麼？

如果你早晨起來想的、說的都是「好煩，又要起床上班了」、或是「他××的！又快遲到了，我怎麼會這麼倒楣？」等負面的詞彙，你這一整天都會很不順利，而且是無庸置疑的。

因為你打從心裡就不喜歡這種感覺，你以為把抱怨說出來就是一種負面能量的宣洩，卻不知道這種文字會使你更加陷入負面的漩渦。

如果你不喜歡你的生活，你為何要持續這種生活呢？

威爾・史密斯主演的《我是傳奇》中，他飾演一名在幾近絕望的環境下奮鬥的英雄。

整個城市被人力所無法抗衡的怪物所毀滅，而且瀰漫著常人無法理解的病毒。威爾・史密斯選擇一個人在這種絕路中生存，並試圖找出拯救世界的解藥。他唯一的夥伴是一隻狗。

如果他沒有保持運動、保持樂觀積極、保持亢奮的戰鬥力，他是不可能在這種環境下生存的。

他每天所想的，一定是正面的思想和文字，他所說的是正面的語言，甚至把求生當作一件非常刺激的遊戲。

你不喜歡你的生活嗎？你覺得你的狀況比威爾・史密斯還慘嗎？

現在，請你比照自己和威爾・史密斯的處境，然後用正面的文字歡慶你的生活。請記住，富人熱愛慶祝。

To Think, To Write

文字所代表的力量，可能比你想像的還大。

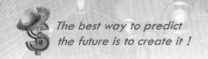

儘管你想要表達的意思相同，但是用不同的文字，就可能產生

截然不同的效果。

舉例來說，如果你即將要上台演講，你感到非常緊張，你的朋友可能會基於善意地告訴你：「不要緊張。」

但是，「不要緊張」這段文字，本身卻依舊包含了「緊張」兩個字，結果你更緊張了。

你該接受的文字，本身就要蘊含正面的力量。

與其說「不要緊張」，不如說「放輕鬆」、「要興奮」。

與其說「不要犯錯」，不如說「一切都會很順利」。

與其說「不要失敗」，不如說「一定會成功」。

與其說「我唯你是問」，不如說「我相信你」、「我相信事情會越來越好」。

現在，請你回想你過往所說出的文字，有哪些是本意良善、卻蘊含負面能量的文字？你要如何改善你的文字？

To Think, To Write

魯夫的口頭禪是：「我要成為海賊王」。

他把這句話視為理所當然的結果。這是他對自己「完全銷售」後，充滿信心、無庸置疑的結論。

他的思想充滿自信，自信的思想轉化成正面的文字，再度反覆強化自己的自信，同時也讓他的夥伴感染到這份自信。

或許你可以計算《ONE PIECE》從以前到現在，魯夫說了幾次「我要當海賊王」？

正因為《ONE PIECE》是如此激勵人心，才會有讀者閒閒沒事去數《ONE PIECE》總共有幾個驚嘆號。

這種毅力和肯定被《ONE PIECE》的作者尾田榮一郎老師知道了，也會讓他更加賣力地去畫出更棒、更感動的故事。

你想像魯夫一樣，充滿自信、魅力和勇氣嗎？

你能成為你的人生舞台的主角嗎？

那你就不能再人云亦云了！

現在，請你想一段正面的文字。這段文字能創造你的自信、魅力和勇氣。你會因為反覆說出這段文字，而變得更加強大、茁壯。這段文字就代表了你自己。此時！此刻！

你如果覺得這個章節對你的致富之路幫助有限、不是你想聽的，我們可以跟你分享一個小插曲。

某日，禎祥老師忽然收到一封簡訊，那是他以前的一位學生傳來的，上面寫著：

「老師，謝謝您。您送給我的那張卡片，讓我又多賺了

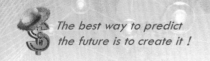

「老師，謝謝您。您送給我的那張卡片，讓我又多賺了四億元。」

那張卡片上面寫什麼呢？

其實也沒什麼，就是一堆正面的文字罷了。

就這麼一個簡單的方法，讓無數學員擁有無數財富人生。

感謝耐心翻閱到此處的你！
寫下你最有感覺的一段正面文字，
每天看著它！唸著它！想著它！
你就會擁有難以想像的財富！
祝福你擁有豐盛、富饒、恩典滿滿的生命！
Fighting！Fighting！Fighting！

Chapter 12

世界的 ONE PIECE

The best way to predict the future is to create it !

人人都以為我們是賣漢堡的。其實我們是做房地產的。

雷・克羅克

你知道全世界最有錢、最成功的企業家都在做什麼事嗎?

你可以用你最強的武器——你的大腦,試著去思考這個答案。

全世界最有錢、最成功的企業家,都在做「麥當勞致富計畫」。

麥當勞致富計畫是最安全、最穩定、同時最強大的致富公式。麥當勞計畫分為三個步驟。

一、建立系統:創造大量且穩定的現金流。

二、轉投資:選擇你熟悉且熱愛的金融衍生性商品。

三、購買並投資房地產。

你若想要獲得輝煌的成就,你就必須乖乖遵守麥當勞計畫的三個步驟。

你必須一步一步來,不能像跳棋或跳房子一樣,直接從轉投資和購買房地產的階段開始。

當有人在開辦教導金融衍生性商品或是房地產的課程時,你必須感到恐懼。因為其他人會貪婪,而你要在他人貪婪時感到恐懼。

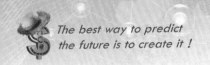

恐懼的原因，在於你沒有大量且穩定的現金流——如果你沒有一套好系統的話。

一個好的系統，將會為你提供大量且穩定的現金流，以負擔你可能在投資金融衍生性商品時，所承擔的風險。

假設你擁有一個優良系統，這個系統讓你不需要非常費力、甚至不需要工作，就能每個月領到5萬元的話，如此一來就算你在投資中失去5萬元，你也不會太心疼。

如果你的系統能幫你創造每個月50萬的收入，你就算虧損50萬元，你也不會太心疼。

如果你的系統在幫你賺錢，你在投資時就不太容易感到貪婪和恐懼。你會有時間慢慢研究幾項你有興趣的金融衍生性商品，用理性，或是更強大的吸引力法則，紮實地把你的小錢變成大錢。

你不會想要一夕致富，你唯有知道穩紮穩打才會賺大錢。

在經過第一階段——建立系統的考驗後，你會了解到如何打造一座屬於自己的金山，而這座金山會建立在紮實的訓練和豐厚的知識基礎上。

如果你妄想跳過第一步、直接追求第二步、第三步的話，你就會像黃禎祥老師年輕時，慘遭滑鐵盧一樣。

當時，禎祥老師從事房地產銷售。

他的誠懇忠厚，讓他聚集到只屬於他的客戶群。日積月累的努力，讓他以25歲之齡，月收入竟高達100萬元，使他在台北東區買一間不用貸款的二房公寓。

要知道，當時的100萬元可是非常、非常大的一筆數字。

而年輕時的禎祥老師做到了。在當時業界就流傳「沒有Aaron

賣不掉的房子」這句話。於是，他開始投資屬於自己的房地產。

然而儘管擁有如此豐厚的收入，口袋滿滿、經驗豐富，卻因為沒有遵照麥當勞計畫的步驟進行，而在35歲那年破產，自己負債兩千萬，順便燒掉公司好幾個億。

當他投資房地產失利後，由於沒有大量且穩定的現金流支持他，於是變得一無所有。

而當禎祥老師在經過世界很多領域最頂尖的大師們訓練之後，整個人脫胎換骨。

他遵守麥當勞計畫，一步一步來，逆勢創造上億資產。他運用所學，協助學員成為百萬富翁、銷售高手或是組織行銷高手，他自己則不斷的創造一塊錢變成100萬的傳奇。

你也想要創造一塊錢變成一百萬的傳奇嗎？

你可能也會想：一個平凡的上班族，如何建立屬於自己的系統？我們在後續的作品與書末的課程中將會揭露，不過我們現在要請你回想之前的所有章節，你會在其中找到一些端倪。

當你越認真和我們互動、越認真去體會這些富人、成功人士腦袋裡的思維，你就離財富之路越近。

所以，你可以現在就試試，想想要如何創造屬於你自己的麥當勞致富計畫？

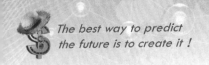

To Think, To Write

這個過程並不簡單，但是當你越努力向前，你就會感到越輕鬆。就像跑步或重量訓練，你每天堅持往前邁進一小步，你就越成長。假以時日，或許數年、或許數十年後，你會說：

用一塊錢變成一百萬？這對我來說太簡單了。

你甚至會說：

想學啊？我教你啊。

請記得，富人聚焦於貢獻、樂於服務他人、永保Integrity。

12-1 擁有大量現金流的房地產

全世界的有錢人們，或多或少都跟房地產有直接或間接的關係。就拿國內的幾個財團來說吧！

許多保險公司從保戶這邊收了保費，然後開始買地投資房地產，進行房地產開發，並且大大地賺了許多錢。

有的金控公司有自己的銀行，資金根本不成問題。

有很多上市公司喜歡轉投資，購買土地或房地產。

當然證交所會有相關規定，但這些企業總是有辦法規避其中一些不明確的灰色地帶。

發現什麼了嗎？

房地產是富者越富、貧者越貧的關鍵。

如果你想致富，房地產是你絕對要了解的投資工具。

你或許會說：「我連住的房子都買不起，怎麼投資房地產？」、「賺錢不容易，我的好多朋友之前也在房地產賠錢。」、「房地產風險太高了啦！我承擔不起！」

請注意，這就是你對房地產的態度。「文字是有力量的」。

如果你都已經有先入為主的觀念，那麼你會在房地產賠錢自然就無可厚非了！

別忘記，你深切相信的都會成為事實，我們能讓你做的，是看清有錢人的現實，最終你的決定權還是在你自己。

麥當勞計畫就是一個有關房地產的致富系統。

想想麥當勞的店面是開在哪些地方？

市中心？精華地段？高價店面區？對了！這些就是答案。

麥當勞最早是從賣漢堡起家，這是它的第一份收入。然後它開始拓展分店，販賣加盟連鎖系統，開始了第二份收入。

有了前兩份如此龐大的高額收入，把錢放在銀行豈不是太浪費了？於是它開始買店面。

雖然不是每一家麥當勞的店面都是用買的——有的是用租的——可是麥當勞所買下的店面幾乎都是精華地段。

從開始有麥當勞到現在，我們可以算一算房價漲了多少，麥當勞的第三份收入就淨賺多少？

有些地區房價的漲幅非常驚人，說不定還超過賣漢堡的收入呢！

這就是有錢人真正的致富計畫。

或許你會說：「我們都是平民老百姓，怎麼有辦法像麥當勞這樣大手筆的買店面、做投資呢？」

但我們可以從單一物件或是自住宅開始。

或許你收入不夠，連買一間房子都沒辦法，這就是為什麼我們在之前提到要先開創「穩定現金流」和「多重收入」的原因了。

因為唯有你開始有穩定的高現金流，你才有進入富人之列的入場券，否則房地產投資很容易變成南柯一夢。唯有你開始與銀行培養好的關係，也才能拿到更優惠的貸款條件。

這不是教你炒房，而是告訴你有錢人真正的投資致富之道。

你一個人的力量有限，但你可以找幾個跟你有相同想法並且信得過的人合作。就像公司需要資金時招募股東的意思是一樣的。

看清楚有錢人的真正致富系統，你才有機會輕鬆地退休。

禎祥老師有一個親戚，是父親級的長輩。

他們總共有七個兄弟，早年一起經營傳統生意。他們從傳統生意賺了錢，就開始在台北買房子，由大哥總管整個大權，其他人則負責幫忙打理其他相關事務。

從四十年前的台北開始買，不斷地買，買到現在幾個長輩都已經七老八十了，累積的身家資產不計其數。一個兄弟分到的財產，光收租金，一個月就可以收超過三百萬台幣。而且很多房子他們連租都沒租，甚至主動降租金，因為怕麻煩。

這就是有錢人的致富法寶。

（關於更多麥當勞致富計畫的內容，詳情請參閱《當富拉克遇見海賊王2——麥當勞致富計畫》）

感謝耐心翻閱到此處的你！

記得！麥當勞計畫是你邁向致富之路的黃金三步驟！

祝福你擁有豐盛、富饒、恩典滿滿的生命！

Fighting！Fighting！Fighting！

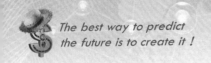

Chapter 13

管理好你自己

The best way to predict the future is to create it !

我們無法證明自己能管理別人，但我們總是可以管理自己。

—彼得・杜拉克

致富之路上有許多「元素」是一本萬利的。

當你擁有這些「元素」，並且持之以恆地使用它們，你會發現總有許多美好的事情，忽然降臨在你身上。

這些元素包含：

- 真誠、誠信、正直、良善、好品格、好態度。
- 懂得感謝。
- 好管理。好領導、啟發。

「富裕」一詞無法用狹隘的帳戶數字或是月收入來衡量。「富裕」是一種包含身、心、靈的平衡式成功，在生命、生活與生計上擁有令人嚮往的水平與靈性。

坐擁名車、豪宅，卻不懂得感恩與貢獻，這種狀況不能被視為「富裕」。

餐餐大魚大肉、夜夜紙醉金迷的放縱生活，卻沒有健康的身體，也不能被定義為「富裕」。

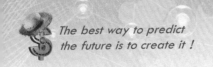

但是當你懂得真誠待人、凡事感恩，你就具備了「富人」的基礎特質。禎祥老師認識許多年邁的億萬富豪，他們有些人什麼技能

都不會，只會「真誠地感謝那些幫助他們的人」，結果不知不覺變得很有錢，連他們自己都不知道發生了什麼事。

當你懂得「真誠的感謝」同時，如果你又懂「真正的管理」，那「退休之日」真的是指日可待。

談到管理，人人往往會想到「管教」、「上對下的約束」、「不自由」，但是真正的管理，是包含了：

★簡單。

★自由。

★目的。

★高效能。

★貢獻。

★多層面。

★實踐。

★成果與績效。

★核心價值。

★培育接班人。

正因為懂得杜拉克式管理的人是非常少數的，更遑論去了解富勒博士，因此這些遵照杜拉克所言的人，各個都是領域中的頂尖人物。

這些人每分每秒進行最有生產力的事、造福千萬民眾、從事熱愛的工作、擁有堅強的夢幻團隊、聚焦於貢獻的同時也能賺進大把鈔票、過著簡單而自由的人生。

財富確實是有密碼的，而之前我們談到的「精神層面」的密碼，接下來我們要談的是「實務層面」的密碼。

這就是全新顯學——「富拉克式管理學」的財富密碼。

13-1 管理你的健康

對我們來說，健康有分成三個層面：身體健康、腦袋健康和口袋健康。儘管這三者都很重要，但如果要為這三者排個優先順序，或許「身體健康」是最首要的。

在台灣，每3分25秒就有一個人得到癌症，每5分鐘都有人因健康不佳而喪命，這些人無論是政商名流、紅頂藝人、或是小老百姓，在死亡之前人人平等。

海賊王哥爾・羅傑因為得了不治之症，因此才決定向世界政府自首。西爾爾克醫生也是得了不治之症，才決定用最後的生命來宣揚他的信念。就連娜美差點因為猛烈的熱病而喪命。

這些人無論是海賊王、庸醫、還是美少女航海士，在失去身體健康的同時，他們的「身外之物」也跟著失去，無論是頭銜、美貌、技能還是名利地位。

蘋果創辦人史帝夫・賈伯斯在人生的巔峰中因癌症去世。

鄧麗君、李小龍、麥可・傑克森在演藝生涯的頂點因病去世。

亞歷山大大帝、成吉思汗、秦始皇，也在坐擁極大權柄時因病去世。

也許是因為因病而逝的人太多，造成人類感官麻痺，結果卻忘記「自己可能就是下一個」的事實。

正因為如此，人的品格和知識才如此重要。

如果一個人品格不佳，那他的團隊所產出的食物，自然會有大量的塑化劑、毒澱粉、食品添加物。

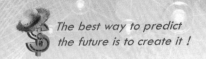

我們都知道不要給人吃安非他命，但這世上就是有人可以為了自己的利益，品格可以惡劣到人神共憤。

如果一個人的知識不夠，自然不知道自己吃進去、喝進去的東西是好是壞。

如果你花點時間去想：這世上喝牛奶、吃雞肉的人這麼多，但這世上的健康的牛和雞這麼少，那你吃進去的到底是什麼東西？

當你知道一隻鮮嫩多汁的烤全雞，其實從出生到被屠宰的時間，有可能只花不到四十天的時間，中間也不知道被打了多少藥劑，你會不會更在意自己吃進的食物健不健康？

就連食品添加劑之神——安部司起初都認為，他是在協助廠商用最低的成本產生最高的產值，卻發現他三歲的女兒也在搶著吃他協助廠商做出來的人工肉丸子，這才發現自己根本不希望家人吃到這些東西。

硯峰以前在學校的社團有一些食品加工系的朋友，據他們所稱：「讀食品加工系會很不開心，因為你太清楚外面的食品是怎麼加工的。」這群年輕學生的結論是：「外面的東西都不能吃。」

也許我們在健康方面的學識，可能連一位食品營養科系的大一學生都不如，但我們希望自己在實務方面能忠於我們所知道的學識，這也是杜拉克強調的「實務」精神。所以我們非常注重夥伴及客戶身體的健康。健康的食物不但能帶來健康的身體，也可以帶來健康的大腦，進而讓口袋飽滿健康。

因此我們公司備有最好的負氫離子水，讓那些與我們公司接觸的學員及客戶都能喝到好水；我們用的食材是天然有機或無毒的蔬果，並且無論碗盤還是食材都用過濾水來清洗，烹飪的方式是德國的低溫烹調技術，既保留食物的原味，又不會讓營養流失掉；我們的咖啡不加牛奶，加的是自己當天現煮、不加消泡劑的現磨豆漿，而且用的是非基因改造的有機黃豆。

我們有時免費供應，有時用低於市價的價格出售，提供物超所值的交換，因為我們知道這些東西其實並不貴，而我們真正的營利項目並非健康的飲食，我們也不是這方面領域的權威，單純只是「因為我們吃健康的食物，所以順便推廣」。

因為我們公司的夥伴太常吃這些健康的東西，所以一吃到不健康的食物，身體馬上就產生排斥反應。

禎祥老師一吃到不好的食物，嘴唇馬上就破洞，破的洞數還與食物的不健康程度成正比；硯峰一吃到不健康的食物，馬上就吃不下去，而且聞到炒、煎、炸的油煙就會反胃；其他的夥伴有各式各樣的排斥反應，有的會跑廁所，有的乾脆不吃了，而且身體的「雷達」也越來越敏銳。

這是很神奇的事，只有親身經歷才會了解到有多不可思議。當你吃健康的食物吃久了，你的身體會開始「偵測」你所吃的食物健不健康，因為身體會回到比較「天然」的時期，就像嬰兒一樣。

如果是不健康的食物，就算你再餓，你的嘴巴也會下意識拒絕入口、咀嚼和吞嚥的動作；如果是健康的食物，就算你吃飽了，你還會想再多吃幾口。

以前硯峰和許多年輕人一樣，很喜歡吃雞排配奶茶這種垃圾食物，現在儘管還是會受到誘惑，但實際吃下去的時候，雞排吃兩口就不想吃了，炸薯條吃不到半包就有「害喜」的感覺，調味飲料更是連看都不看，就連加了牛奶的拿鐵也不太想喝，最近更是視油煙為毒物……。

有很多客戶很喜歡邀禎祥老師到大餐館或五星級飯店用餐，但這往往是禎祥老師婉拒的主要原因，除了禎祥老師會在意這場聚餐是否有效能和貢獻度、是否流於應酬之外，他對「讓客戶花大錢消費不健康的食物」這件事更加興致缺缺。這也成了他在信義區持有兩間店面的原因之一，其動機在於「自己想吃健康的食物，順便賣一賣、推廣一下」。

現在請你檢視你平常所吃的食物，這些食物可能的來源為何？可能加了什麼東西進去？可能對你的身體產生什麼影響？你吃的食物健康嗎？建議各位翻閱《商業周刊》1334期：「吃飯，需要新常識」。

To Think, To Write

如果你吃的食物不健康，你要到哪裡去尋找健康的食物？如果你吃的食物很健康，你要如何分享你的飲食習慣，讓你周圍的人和你一樣健康？

To Think, To Write

身體健康，是我們公司的核心價值之一，也是我們公司績效卓越的主力近因之一。

健康的身體可以帶來高效能的表現和熱情十足的生命力，帶來豐沛的創意，產生更優質的服務。

如果你想要致富，起碼要保持身體健康。

俗話說「留得青山在，不怕沒柴燒」，但許多人似乎把「燒盡自家的亞馬遜森林」當成「努力工作」的基本表現。

如果你想致富，就不能「太努力工作」，你需要「更聰明地工作」。太努力工作會太早見上帝，Not Fashion！

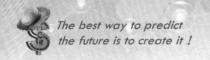

更聰明地工作，表示你要用身體健康的方式、效能更高的方式來產生績效，這也是你能成為億萬富翁的基本需求。你看過哪個億

萬富翁是爆肝爆出來的？況且天堂用不到錢。

所以，如果你是上班族，某天身體不舒服，別客氣，請個病假好好休養一下吧！全勤獎金和你的身體比起來，有跟沒有一樣。如果你的上司對你請病假有意見，別客氣，爽快地把你的上司炒魷魚吧！如果一個主管連部屬的身體狀況都不重視，他還會重視你的未來嗎？

如果魯夫在娜美生病時，任性地朝他的「海賊王之路」邁進，請問這種領導人有誰還會願意跟隨呢？

如果你想建立一個夢幻團隊，你的夥伴就要很注重彼此的健康，最起碼要有人堅守「身體健康」的準則。所以魯夫的海賊團中，有注重夥伴營養攝取的廚師香吉士、有致力於提升醫術的船醫喬巴、也有能讓夥伴保持身心愉悅的音樂家布魯克。

現在請你想想，你的團隊中有沒有人是「身體健康」的忠實信徒？如果有，你要怎麼讓這位夥伴發揚他的信念？如果沒有，你要怎麼讓你的團隊保持身體健康？

To Think, To Write

13-2 管理你的高效能習慣

在注重身體健康的同時，你也要注重腦袋裡的健康。健康的思想會產生高效能的行為，不斷地重複高效能的行為，就會產生高效能的習慣。以下簡單整理賺錢的四個高效能習慣：

1.問自己能夠貢獻什麼

如果你在前面的章節找到了自己的優勢領域，接下來就是要找到一個你能切入的市場。找到自己專屬的利基市場是非常重要的，這攸關你行動後是不是真的能夠成功。

就像禎祥老師當年賣房子時，他的老闆幫他找出他的個人特色，並且用他的個人風格切入市場一樣。

你把你的過去、資歷、個人特色、優勢領域都找出來之後，請試著思考，你能夠提供什麼樣的服務給你的客戶？

無論你是決定用什麼槓桿致富，你的上司、下屬、老闆、顧客……等，都可以算是客戶的一種，而客戶又分為主要客戶與支援客戶兩種。

彼得・杜拉克曾提到，現代的企業家總是想要創造財富，但致富真正的密碼是「不要創造財富，而是要創造顧客」，這才是一個企業家或資本家獲利的真正根本。

不要懷疑，身處知識經濟時代，無論你是上班族、創業家、投資者，都是資本家，因為你所擁有的知識，就是你的創業資本。

彼得・杜拉克曾在其自傳型小說《旁觀者》中提及的一位前輩

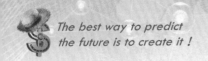

——巴克敏斯特·富勒（Richard Buckminster Fuller）先生，我們通常都稱他為富勒博士，彼得·杜拉克甚至稱他為「荒野上的先知」。因為富勒博士不僅是一個建築師，由於其對大自然觀察入微的洞察，整理出許多後代在科學、自然、醫學、物理、化學等基礎上，都能使用其理論，甚至連致富的法則，都能找到其所提出的理論。

根據富勒博士的觀察，這個世界上有許多力量是我們並不了解、又需要遵守的。其中一個有關財富的力量叫做「邊際效應」，又稱「漣漪效應」，在物理上的專有名詞是「逆動性」。

簡單來說，我們觀察大自然，每一個水平方向的力量背後，都會有另一個垂直方向的力量存在。

就像地球繞著太陽轉動，雖然地球轉動的方向看似是自顧自地向前轉，可是有另一個垂直的力量，存在地球與太陽之間，緊緊地牽制住。

還有像蜜蜂是飛往水平的方向去採蜜，可是同時，有另外一個垂直的力量，讓牠進行採蜜這件事時，同時也傳遞了花粉，造就大自然的生生不息。

就像當家長責罵孩子時，怒氣是對著我們的孩子，同時會有另外一個力量，讓你的心情不好、今天諸事不順。

財富的領域也是一樣，當我們拚命地執著要追求金錢與利益的同時，總會有另外一個垂直的力量，讓我們失去健康、家庭、感情。

但如果我們追求的是創造客戶，事情就大大不一樣了，會有另外一個源源不絕的力量，帶進豐富的收入。這就是大自然奇妙的地方。

一個高效能的財富管理者，會持續關注外界所有的變動，不會一味地把自己關在工作的牢籠裡。

看看魯夫，是不是他越貢獻所長、越扭轉那些他認為不公平之事，他的名聲就越響亮、夥伴越多、也越受歡迎？他沒有一味地往「偉大的航道」的終點邁進，而是停下來，看看外界的環境，幫助那些需要他幫助的人。

你所要關注的範圍也很廣泛，所有與你接觸的客戶與潛在客戶，都是你需要關注的對象。包括你工作的效能、與合作夥伴和相關工作者的關係、競爭者的各式變動……等，都是你要持續關注的對象，並且你還要經常自問：「我可以貢獻什麼，讓整件事變得更好？」

你所選擇的市場，必須要讓你能夠有所貢獻，發揮自己的核心競爭力，創造客戶。

知識的力量是被隱藏的，我們所看到的知識，就像浮在水面上的冰山一樣，真正要釋放力量的是水面下那看不到的巨大冰塊。當你不斷地問自己能有什麼貢獻，並且選對優勢領域，才能領略知識完全釋放的能量。

你的市場就是最能讓你發揮貢獻的地方，是能讓你展現熱情的地方，是能讓你賺到錢的地方。

當你把所有條件都列出來之後，或許會發現你現在找不到適合你的市場，但你可以去創造它。

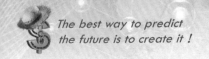

彼得・杜拉克說過：「預測未來最好的方法，就是創造它。」若我們想要致富、想要賺錢，就要去開創自己的市場，只有當你心

懷善意地朝著目標去開創它，未來才會掌握在你的手裡。

同時，在你問自己的貢獻是什麼的時候，你還可以問自己另外一個問題：「誰會願意善用我的貢獻，並且願意支付合理的價錢？」

當你開始聚焦在這兩個問題上，你就已經啟動了基本的賺錢機制。你可以無限重複組合自己的創意、專長、熱情與能力，接下來你會發現，原來自己的潛能這麼大，你過去的經歷、經驗可以產生這麼多種不一樣的收入組合，接下來的，就只是你有沒有勇氣去實現它而已。

同時，知識經濟的時代也有一個特色，如果你想要認識一些所謂的「優質人脈」，那麼你更應該專注在自己的貢獻上。

當你發現自己聚焦在貢獻，很多很好的人脈就會被你吸引過來。

六、七年前禎祥老師回到台灣，要辦理一個5000人次的大型收費演講活動。

當時的他沒有資源、沒有人脈，所有的一切從零開始。可是他很清楚辦這場活動的目的，是為了開啟台灣知識經濟的另一種型態，擴大大家的視野，讓人們接觸到國際級的知識水準。所以禎祥老師不斷地專注在這上面，並實做、實踐。

在此同時，很多奇妙的事情也接二連三地發生。

他買了回台灣的第一間房子、認識許多媒體界的高階主管、與許多大企業與品牌有合作或連結……。

說真的，禎祥老師也不曉得這一切究竟是怎麼發生的，可是這就是前面提到的「precession邊際效應」的強大效果。

你永遠不會知道當你專注在對社會、他人、組織有貢獻的時候，「precession邊際效應」會帶你去哪裡，你也永遠不會知道當你設定了一個目標，「precession邊際效應」會如何帶你去完成。

這是存在自然、宇宙、財富裡的奇妙力量。

但我們要提醒的是，很多人以為「聚焦於貢獻」這件事很簡單，但其實並不容易。

有時候當利益衝突時，我們很容易放棄自己的原則，但這也同時是我們需要不斷訓練自己的地方，唯有我們更專注地聚焦在貢獻，賺錢的效能才會大大地提升。

教會的牧師常常提醒我們，要多為廠商、為客戶禱告。禱告可以讓我們平安、喜樂、聚焦於對客戶的貢獻。

To Think, To Write

根據你的分析組合，寫下自己可以貢獻什麼？

再寫下你可以用什麼工具創造財富？誰會需要你的貢獻或工具？

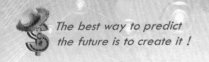

2.時間管理

對浩瀚的宇宙而言，人類的存在實在太渺小了，因此時間是不存在的。時間之所以存在，是因為人類對它下了定義。而當人類做出貢獻，永恆就會存在。

時間是無法被管理的，它只能被分配。我們能管理的只有自己大腦的思想，藉由良善思想產生的良善行為，對社會做出貢獻。

當你設定好目標、組合了自己無數種能致富的途徑，接下來談的是你時間分配的效能。

彼得・杜拉克不只一次強調時間的稀有性。每個人的生命都是有限的，人生裡除了賺錢，還有很多很重要的事，不需要把太多時間全部拿來賺錢。

你應該做的是提高時間運用的效能。

一定有一些事情是你做得比其他人更好、並且可以產出更高績效的。就拿禎祥老師自己來說，有些事他的確做得比許多人都好。

例如他在演說式行銷與銷售方面很強，與媒體整合與合作的能力，還有異業合作的模式，都是禎祥老師非常擅長的。因此他在組織裡面，他專門從事與人談判、異業合作、媒體合作的部分，通常這也佔公司營業額與打造知名度的最大部分，這就是禎祥老師最有效能的地方。

以個人來說，房地產是他過去累積二十幾年的經驗。禎祥老師已經看過無數間房子，對於每一個物件的判斷與應有的價值，自然比較熟悉。再加上他會演講、有很多學生，有很多子弟兵，如果他要讓一個案子賺到錢，自然也想得到更多的模式來進行。

然而，如果禎祥老師把自己放在去賣房子、賣保險、賣其他的東西，一樣可以賺到大錢，可是產生的效能就不會這麼大，他也很清楚自己創業型式「太浪漫」，在專業經理人領域不會達到頂尖水準。

你也可以找到自己最有效能的賺錢方式。

禎祥老師有一個學生，本身是工程師，因為對知識的分享有興趣，加上對房地產也略有涉略，於是，就開始分享房地產經營的課程。

來上課的每個人都有規定的功課：一個月最少看二十間物件，根據自己住的區域去研究。他們總共有十個人，一個月下來，等於每個人都有了兩百間房子的情報，當他們選定最適合的標的物之後，會一起去現場看這個物件，然後再一起研究投資方向，分別按自己的專長去進行不一樣的任務。

有的人開始與銀行交涉，有的與仲介聯繫，有一個比較有經驗的人，專門負責與屋主和仲介談判。

在禎祥老師看來，他們組成了一個非常強的團隊，並且是《第五項修煉》的作者——彼得・聖吉所提出的學習性組織。他們充分發揮每個人的優勢領域，用集體的力量打造了財富，發揮了一加一大於二的效果。

當然他們做了最聰明的一件事，就是請禎祥老師當他們的教練。雖然他們每個月的顧問費所費不貲，但比起房地產的收入，可說是九牛一毛罷了。

我們會在之後的作品中更詳細地探討教練的重要性。

另外一個例子是，我們有個學員是學會計出身，近三十年的社會經驗累積了很多豐富的人脈與資源。

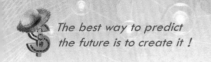

他就像一般退休的四年級上班族，有一小筆退休金，可是也幾乎被兒女花了大半，因此對未來仍充滿不確定感，急於尋找第二事業。

他後來想他學的是會計，對於所有上市櫃公司的財務報表花招都略知一二，但他已不想再重回大公司去賣命，於是他收了幾個學生，教他們研究財報，時間久了也累積了一點知名度。

有很多人找他成立網站，計畫製作成情報平台以廣收會員，他現在也在評估中。一旦確定成立網站，將可能產生各種驚人的收益。當然，他也找禎祥老師當他很重要的行銷顧問。

賺錢的效能是可以學習的，很多時候我們做的事、從事的活動，並未緊緊與我們的目標相關，但可以確定的是，選對工具會讓你累積財富的時間大為減少，投資報酬率更高。

當你選定好致富途徑和要進入的領域，你每天工作、賺錢的時間，除以你的收入，就是你每單位小時的產能。

但不要只關注在這個數字上，因為萬事起頭難，很多事都有醞釀期，尤其剛開始的創業初期，會有一段時間是看不到錢的。但即使看不到錢，你也要試著把開始累積的資源計算成金錢。

如果你在前一個月談了三個案子，雖然沒有成交，可是你預計這在未來可能會替你產生其他的績效，這也可以算是效能的其中一項。

同時，你也必須制定計畫，多久時間達到設定的目標，要達到設定的目標，每月、每週、每日應該完成的目標是什麼？

舉例來說，如果你是一個健身器材業務員，希望三個月內賺到50萬，你所銷售的產品，每一件售價是台幣10萬，每賣一件你可以得到2萬元的獎金。

因此，三個月內，你就必須賣出25台機器，平均一個月要賣8台，一週要賣出2台。

你估計你每拜訪20個客戶，會有一個跟你買，因此，三個月內，你必須拜訪500個客戶，一個月拜訪160個客戶，一天就要拜訪6個人。

以上是很簡單的數學計算，關鍵在於你拜訪這 6個人時，就要找出最有效能的方式。例如，與其他人合作、一次找到100個人的群體……等。

要賺錢，最大的訣竅在於要有效能地工作。你要找到數個方法，可以讓你用最少的時間，創造出最大績效。

很多人覺得自己每天都很忙，可是為什麼收入、營業額依然不見起色？

還有人覺得自己都已經忙成這樣了，為什麼事情還是做不完？

其實真正的原因，是因為你根本不清楚你到底在忙什麼。

很多人掉了100元會心疼、弄丟了1000元更是哇哇大叫。

有些媽媽們發現冰箱的菜有些壞了，還會想辦法把爛的部分切去再來煮。因為「捨不得」或覺得「好浪費」。

可是時間與健康是比這些資源更珍貴的東西，失去了就找不回來，賺不到、借不到、也沒有保存期限，過了就是過了，你甚至無法從別人那裡去搶、去偷。但我們卻都曾經大筆大筆地浪費這些無形的資產。

試想，如果你每一分鐘價值30000元，你還會如此奢侈地花費它嗎？你應該會比珍惜1000元更視之如珍寶吧？

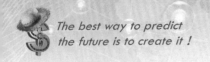

所以你的首要之務，就是開始記錄你每天的時間。

你可以採用小時為單位，記錄你一天二十四小時當中，如何分配時間、做了哪些事。

當你認真地記錄一個禮拜，就會發現平時你浪費多少時間在沒有意義、沒有生產力又無法致富的事情上。

曾經禎祥老師也覺得自己是一個高效能的人，可是當他讀了彼得・杜拉克的書，開始研究杜拉克的管理模式，他決定替自己記錄時間。

第一天禎祥老師非常痛苦，因為每隔一個鐘頭，他就會停下來寫下剛剛做了什麼事，然後訝異地發現：天啊！我剛剛那個小時到底在幹嘛？

但他還是決定持續記錄。

一個禮拜結束後，禎祥老師拿出自己的時間表，瞬間有一種當頭棒喝的感覺。

他發現自己一個禮拜當中會有好幾個小時在找重要文件，例如身分證、信用卡、健保卡……；然後瀏覽網路的時間，竟然一天超過四個小時；還有很多時間是用在完全不具生產力的事情上，或是會降低效能的事情，例如邊吃飯邊看書、或邊吃飯邊看電腦。

於是他決定開始改變自己，提高自己的效能。

首先，他把所有的事情分為四類，分別是「重要又緊急」、「重要不緊急」、「緊急不重要」、「不緊急不重要」，並用四種符號代表，然後在時間記錄表後面標上記號。

接著再用螢光筆，把有生產力、有績效或是有收入的事項框出來。

完成之後，禎祥老師很清楚地知道，自己每天做真正有生產力的時間並不夠多。然後他開始試著分配他的時間。

如果你想具備高效能，我們強力建議，你應該至少記錄時間三個月至六個月，如此一來，會比只記錄一個禮拜或一個月看得更清楚，你到底把時間花在哪裡？

接下來，我們要開始系統化地分配時間。

如果你是創業家、老闆，很多時候你會經常覺得：哎呀！不行，這件事要我做、那件事要我做……。

你覺得很多事情都需要你來做，但事實是很多事情根本不需要你做。你要問自己——

★如果我不做這些事，會有什麼影響？

★我可以找誰代勞幫我做這些事？

當你問自己這兩個問題，其實，你也在督促自己培養下一個接班人。

許多企業或老闆無法賺到錢、或是無法更有效率地賺錢，是因為不願意充分授權，不信任別人一樣可以完成這些事情，所以事必躬親。但每個人的時間都是有限的，當你花太多時間處理這些與生產力無直接關連的事物上，就會造成績效無法提升。同時，沒有花大量時間培育接班人的企業家，到最後都會做得很辛苦，無論他的企業規模有多大。

接著，你要開始為你的致富目標制定「**每日七件事**」。

完成一個目標有許多方法，你已經在前面做出了選擇，現在你要開始在前一天睡前，歸納出隔天要做的七件事。

這七件事必須跟你的目標息息相關，並且能夠產生效能。

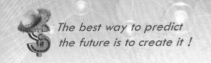

很多人無法完成目標的原因，是因為有太多推拖的藉口跟理由。但是當你把每天一定要做的事情列出來，無論風吹雨打、日曬雨淋都堅持完成，你離目標就會越來越近。

以之前的健身機業務員為例，他的目標是達成三個月收入50萬元，每天的目標是拜訪6個客戶，這是他一定要做到的事。

加上他要打電話聯絡明天與後天要拜訪的客戶，打電話就變成他第二件事。

當然他也可能需要拜訪老客戶、持續關心客戶的使用狀況，所以售後服務也是他需要進行的。

當他把每天要做的事情列出來，就變得有條理，並且臨危不亂，幫助整體效能大大提升。

有時候，我們會遇到一些突發狀況，迫使我們暫停手上的重要工作。

無論狀況多突然，都請優先判斷它的輕重緩急。如果這件事的等級是屬於重要又緊急，那麼請立刻去執行；如果屬於重要不緊急就可以緩一緩。

你處理事情的順序應該是：**重要又緊急→重要不緊急→緊急不重要→不重要不緊急。而最該「管理的」是第二種「重要不緊急」。**

①現在請你花三個月的時間，記錄自己每天在做哪些事。

如果覺得太困難，可以先從記錄一個禮拜開始。

②接著分析自己每天到底把時間花在哪裡？

標上重要又緊急、重要不緊急、緊急不重要、不緊急不重要的圖示，並把真正有生產力的事情框出來。

③寫下改變哪些生活習慣、不做哪些事，可以大大提升自己的績效與時間運用效能。

以禎祥老師為例，就是把東西物歸原位，或是請人協助他建立一個有效的整理系統。

To Think, To Write

④寫下你真正有生產力的事項：

To Think, To Write

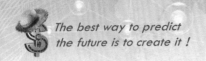

⑤寫下你完全沒生產力的事：

To Think, To Write

以前，禎祥老師的同事經常看到他坐在位子上發呆，或是在筆記本前面塗鴉。有時舉辦活動的日期就近在眼前，所有人都忙得一塌糊塗，禎祥老師為什麼還是在做這些看似如此淡定的事。

硯峰以前在公司上班，負責文字企劃與劇本編寫時，常常東飄西飄，或是翻閱一些看似沒有生產力的書籍、圖片，或是坐在座位上閉著雙眼，一動也不動，看起來在睡覺。但是他同事常常苦笑：「你一天創作出來的內容量，是我們必須花至少一個禮拜才能消化並且寫進程式裡的。」

身為一個知識工作者，你最有效能、最有貢獻的事，是「思考」。

成功學之父——拿破崙・希爾曾經說過：「思考是最有生產力的事，但思考也是最難的事。」

思考接下來的目標、計畫、這場活動的後續可以有什麼行銷手法？思考如何運用你的天賦才能，在最短的時間內產生最高的產值？這些事都是極具高生產力的。

當「草帽海賊團」隨著薇薇公主東奔西跑，努力試圖阻止即將爆發的王國內亂時，魯夫是不是忽然「撒手不幹」了？他躺在沙地上，說出最有效能的方案：「這樣子真的能阻止這一切嗎？」「讓我們把一切混亂的根源——克羅克達爾——打飛出去。」

魯夫知道即使他們阻止了這次內亂，克羅克達爾還是會再度引發更多混亂，而人民還是會天真地把克羅克達爾當英雄來看，被蒙在鼓裡而不自知。唯有直接把幕後的大壞蛋揪出來狠狠教訓一頓，這才是最有效能的方法，而他的提案也充分發揮他們團隊最擅長的項目：戰鬥。

因此，每當你混亂的時候，記得停下來思考、判斷，找出那個「一網打進」所有目標的關鍵目標，而不是隨著環境盲目起舞，這會幫助你在致富的路上，更加順遂、更有效能。

3.善用他人長才

如果你要有效能地致富，就要學習善用別人的長處，也就是組成一個團隊。

團隊的規模大小、用人應該有一個合理的尺度，否則就會淪為一場災難。尤其我們華人是講人情義理的民族，在處理人的事務上，總是要考慮許多。

看看魯夫，他是不是很清楚知道「我要先找一群好夥伴」？而他的海賊團是不是也很小？但是實力和名氣都不亞於那些大規模的海賊團。

但有幾個原則仍然是我們必須要遵守的，因為這會深深影響我們致富的績效。

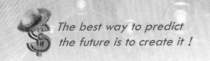

與人合作並不是花錢買罪受。

如果你想組成一個真正強而有力的創業團隊，與人合作是非常重要的一環，因為各人憑績效做事，你沒有多餘的成本與支出。

但與人合作卻也相對地具有風險，因此，判斷與評估一個人就變得非常重要。

通常禎祥老師在與人合作之前，會先選一個案子小小的合作，這樣可以測試一個人彼此的優缺點和實力。包括這個人的承諾是否做到、發生緊急狀況是否會先通知夥伴、對事情是否有整體通盤的了解、還是只是想要獲取資源……等。

有的時候禎祥老師也會與合作夥伴共同吃一頓飯，看這個人的細部表現，包括餐桌禮儀、是否尊重他人……等。

聖經上曾經提到：「在小事上忠心。」如果這個人在小事上都無法做好，那麼跟他合作就會有極大的風險。

人是必須要透過相處才會越來越清楚一個人的品性與行事風格。

對我們來說，與人合作有幾個條件：

★核心價值。

★信心。

★毅力。

★專才。

★LOVE。

・核心價值：

一個人最重要的不是能力，而是他的核心價值。

因為訓練人才是我們的強項，所以我們知道能力不足是可以被訓練的。但一個人的核心價值卻是根深蒂固在他的心底，不是不能改變，只是會消耗很多時間和精力。

加上人的核心價值往往受過去家庭環境、成長背景、過去的經驗有很大的關係，而這些很難在短時間內被扭轉——除非這個人自己有強烈的意願。

如果團隊裡有核心價值不一樣的聲音，就容易出現內鬥與內耗。這對致富的效能毫無幫助，還不如另找其人。

無論是企業、還是個人，我們都必須觀察對方是否有好的核心價值。

杜拉克說：「『價值觀』應該是、也永遠是最終的檢驗標準。」如果你要與人合作，核心價值是你最初與最終的檢驗標準。

・信心：

信心是最重要的根本。

如果一個人跟你合作的時候，壓根不相信你們會成功、不相信你們會一起到達要去的目的地，就很可能會耗損你致富的效能。但是如果你找的合作夥伴與你有相同的信心，這會大大加強你成功的速度。

因為根據吸引力法則，群體的潛意識力量是非常強大的。

如果根本不相信這件事，那麼為什麼又要做？

猶疑不決對致富是有絕對的負面影響，甚至會拖垮你其他的領域。

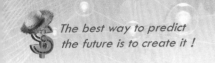

・毅力：

哈佛教授——大衛・貝爾指出「四十五歲前不要參加同學會」這種有別於一般MBA的思維，我們是非常肯定的，禎祥老師也常常用這句話來鼓勵他的年輕夥伴。

許多學生畢業後，會被世俗的指標所限制住。同學都考到名校研究所，所以我也去考名校研究所；同學都去應徵公務員，所以我也去應徵公務員；同學都進入百大企業；所以我也想進入百大企業⋯⋯。

太多世俗的指標總讓年輕學子流於庸俗與安逸，而無法成就偉大的夢想。當我們參加同學會，因為同儕之間總會互相比較，而那些還未完成偉大夢想的人，可能正處於人生的低潮，看到同屆的同學有了各自的成就，於是很容易就會放棄夢想，但夢想越宏大，所需的醞釀期自然就越長。

因此毅力是很重要的，而且也需要被測試的。在四十五歲前，胸懷偉大夢想的人，很容易被某些同學因為在不同領域、或是走歪路、或是走捷徑而擁有一定成就的光環所迷惑，進而放棄一切。

比如王品董事長——戴勝益先生，在創立王品前，就擁有創業失敗九次的輝煌紀錄。而國父孫中山先生，也歷經了十次革命失敗。

所以信心和毅力是有分等級，也需要被考驗的。

・專才：

專才是最後一個我們必須慎重考慮的。

彼得・杜拉克在《高效能的五個習慣》裡談到：「你必須著眼

於這個人能夠做什麼？」

意思是你合作的對象必須與你真正的需求符合，也就是他能為你的團隊帶來貢獻，同時你提供的合作機會也能造福他，這樣你們彼此之間才有合作的價值。

以上部分已經牽涉到建立創業團隊的議題，我們會在之後的著作中更詳細的描述。

但成立團隊、與人合作確實是減少致富所需時間的關鍵。看看中外歷史、文創作品或是現代社會中，那些擁有偉大成就的人，其實都在與人合作。

請寫下你跟哪些人合作，可以發揮你致富的最大效能？並且他能為你帶來什麼貢獻？你能為他帶來什麼貢獻？

To Think, To Write

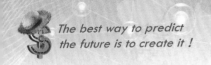

4.做最重要的事

要打造有效能的致富模式，你只能做最重要的事，也就是「專注」。

彼得・杜拉克提到：「高效能的人都會先做最重要的事，而且一次只做一件事。」

如果你做了某件事，就可以提高八成以上的收入，那麼你最應該做、且不斷持續做的，就是這件事。

在你的眾多計畫裡，一定有這樣的一件事，讓你做了之後可以提高八成以上的收入，而這件事只花你兩成的時間就可以輕易達成，只是你有沒有認真去把它找出來而已。

曾經有一段時間，禎祥老師也浪費很多時間在公司的空轉上。

禎祥老師是業務出身的，所以他拚命地訓練學員業務能力，希冀教會他們怎麼成交、如何銷售，因為他覺得他是做知識產業的、是訓練人才的，也是一樣從害羞的孩子變成業務高手，沒有理由他會的這些東西，其他人學不會。

直到禎祥老師看了彼得・杜拉克的書，才赫然發現自己掉入了管理者的迷思：以自己心理優先順序作為時間與任務分配的考量，而不是以對組織最好的事作為分配的考量。

於是他改變策略，開始大量與其他已經累積一段資源的人合作，包括媒體、企業、出版社……等。而原本的業務就依每個人的能力，去處理每個人最擅長的事。

禎祥老師還是持續地訓練學員，因為教育訓練是一家公司在未來是否有競爭力的關鍵，也是一家公司的根本，只是禎祥老師不會再有錯誤的期待，也不會耗費像以往般這麼多力氣。

禎祥老師採取更有效能的作法：前輩教後輩。

如此一來，他不僅節省自己的時間，也能更專注在有生產力的談判上。

To Think, To Write

現在請你寫下你做了之後，能產生八成以上績效的事情是什麼？

杜拉克認為，每分每秒做最有生產力的事是「高效能」，而你最有生產力的事是什麼？為什麼？

・Love：

聖經上的二條誡命：「愛人如己」、「愛神」。能否遵循這兩條誡命，也是我們選擇夥伴的關鍵之一。

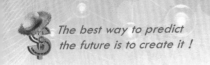

13-3 管理你的行動

行動管理絕對是你是否能致富的重要一環。

當你在先前幾章，把你的大目標，分為中目標、小目標，並列下每日七件事後，每天、每週、每月，你都要檢視自己完成的進度。

每天晚上睡前，躺在床上，拿出今天該做的事。若發現有些事情沒做完，就要開始檢討：

★ 我今天的時間分配出了什麼問題？

★ 為什麼這些事情沒有做完？

★ 沒做完的這些事對我的致富計畫會產生什麼樣的影響？

★ 我沒做完是因為心理排斥這些事嗎？

★ 我為什麼會排斥做這些事？

★ 我要如何突破心理障礙？

你沒有完成每日七件事的原因可能有上千上百種，但仔細分析下來，不外乎兩大主因：

★ 時間管理沒做好，沒有時間可以分配。

★ 心理不願意，自我管理方面出了問題。

時間管理出現危機，可能是因為你的核心夥伴、團隊或臨時殺出了一個程咬金，讓你不得不放下手邊的工作先來解決。

但請記得，無論在任何情況下，都必須立即判斷這件事的輕重緩急與是否可以找人代勞。因為你的時間是極其有限的。

尤其我們華人是非常講究關係的。有些人你非得親自接見，有些問題你非得親自化解，如果這個人可以幫助你的致富計畫大躍進並產生貢獻的，那麼就見他吧！如果不會，那麼就延後吧！

另外一部分，則是我們的心理障礙。

例如，你本來今天應該打一通電話給一個老闆，可是聽說這個老闆的脾氣很大、個性很怪，所以你拿起電話又放下，一直在思索到底應該怎麼打這通電話比較合適。

結果你想了很久，還是沒有結論。後來你的其他夥伴請你幫忙其他事，這通電話就沒打了。

在致富的過程中，「心理素質」會是我們致勝與否的關鍵。

我們會害怕、猶疑、不敢做某些事、不敢主動跟某些人攀談，很多時候是源自於我們內在的恐懼。

我們害怕被拒絕，害怕受傷，因為過去我們可能曾經被拒絕、被傷害。

當你遇到這種狀況，你就要回去找出自己為什麼必須致富的理由，找出那個當初讓你大膽行動的原因。

可能是為了重病而需要醫藥費的母親；可能是因為離婚需要扶養孩子；也可能是為了認養其他更多需要幫助的孩子們……。

如果你因為內心的害怕，未來卻造成你不願意看到的後果，你還會猶豫嗎？

然後，當你重新找到力量，請繼續勇敢地行動。

你不一定要等到睡前檢討才會發現這些事實，有時在你要做這些事的那一剎那，你會感覺到內心的掙扎。這個時候，你就要練習立即調整自己的心理狀態。

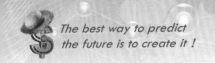

有一些小技巧可以克服你的恐懼，比如「在恐懼之前先行

動」，以魯夫為例，他是那種在思考之前就展開行動的人，所以他甚至連感到恐懼的機會都沒有，就直接挑戰惡質權威。而騙人布則是相反的人物，他習慣先恐懼再說，所以他的行動就需要強烈的外在因素來刺激。

另一個小技巧，則是你可以先做你最害怕的事，這麼做可以幫助你強迫自己面對恐懼，你在行動的過程中，可以了解到其實這件事根本沒什麼好怕的。

致富的過程，本來就是一場磨練，訓練我們的心智、陶冶我們的性情、培養情緒管理的能力、面對挫折的容忍力、培養真正的價值觀……。

如果你不打算經歷這些，一切都只是紙上談兵，致富不會忽然發生在你身上，它會等你受盡挫折、失望、沮喪，到達人生谷底，認真思考自己到底有什麼地方做得不夠好時，才會翩然降臨。

禎祥老師三十五歲生意失敗之前，是個意氣風發的年輕人，根本不把錢放在眼裡。

因為他覺得：開什麼玩笑？這些錢都是我用汗水、時間辛苦累積來的，是我自己賺的！

他眼中沒有別人，也忘記自己最初是用樸實的心感動客戶的，在累積財富的這段途中，也曾碰過一些困難與挑戰，有的人會勸他：「小黃，你應該要謙虛一點，個性、脾氣不要這麼大、不要這麼臭屁，你的生意會進行得更順利。」

當時的禎祥老師心想：你懂什麼？大不了從頭再來過就好了。我又不是沒本事。

奇妙的是，如果世界上有神，祂不會在你還有能力翻身的時候用力修理你，只會給你一些忠告。

如果你不願意面對這些財富的法則，那麼有一天，當你歷經人生谷底的時候，才會認真體會當初神給你的這些滿滿忠告，是多麼的有智慧。

禎祥老師是到三十五歲失敗那年，患有胃潰瘍、十二指腸潰瘍、公司破產、個人負債、女朋友還跟人家跑了，才徹底覺悟，那些他不願意面對的內心世界，其實對自己的殺傷力有多大。只是他在還有能力改變的時候，不願意修正，所以只有等到徹底失敗，才大徹大悟。

你不願意面對的恐懼也是一樣，你不敢打的電話、不願意面對的人，會在無時無刻進入你的潛意識，提醒你你最害怕的事。

就像禎祥老師當時的自以為是、目中無人，是小時候自卑所延伸出來的自大。他不懂、不願意面對、也不知道要修正，所以才會有後來的結果。

在行動的過程中，你會發現腦袋裡出現很多質疑的聲音。

可能是懷疑、可能是害怕，但請記住：這些都是好事，因為你已經慢慢找出為何你還無法致富的真正根源。

這些根源根深蒂固地存在你的思想裡。你的根部出了問題，無怪乎無法致富。

面對這種情況，你可以找一段時間坐下來，寫下自己對於致富的限制性信念。例如：賺錢好辛苦、錢難賺、有錢人都黑心、我賺不了錢、這麼難我做不到……。

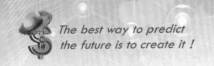

你會驚訝地發現，怎麼自己都沒有發現這些深埋在心底的小小

聲音？但這些聲音卻像小惡魔一樣，不斷打擊你的自信！

如果你上過某些課程，有些時候，你在行動之前就可以發現這些小惡魔。

可是更多時候，唯有當你開始行動、碰到困難，你才會發現這些小惡魔是如何在日常生活中干擾你、導致你無法致富。

這個時候，是你與這些小惡魔真正開始肉搏戰的時候了。成功跨越了，未來就是你的；認輸了，你就被這些聲音羈絆一生。

當你發現這些小惡魔，並且寫下它們之後，請你把它們轉化成「小天使」。小天使的意思是：你要把它們變成可以鼓勵你的聲音。請記得，文字就代表力量。

例如，如果你「寫賺錢好辛苦」，你要把它劃掉，在後面寫「賺錢好輕鬆」；如果你寫「這麼難，我做不到」，你就要改成「找對方法、找對人、我一定做得到」。然後不斷重複對自己訴說這樣的小天使信念。

現在，請把你內心裡的「小天使」找出來，越多越好。每當你感到不順利的時候，就請唸出這些「小天使」。

To Think, To Write

另一個方法，則是「高峰經驗移植法」。

在你的一生當中，你一定做過一些令你覺得非常光榮的事，請讓這些「高峰經驗」持續留在你的心裡。

你可以坐下來，想像整個過程，輕輕地握拳，並且對自己說一聲：yes。

以後，當你碰到困難就坐下來，想像這些「高峰經驗」，並再度握拳對自己輕輕說聲：yes，為自己下一個正面的心錨。

這是個非常有效的方法。這麼做的用意，是為了讓你學會熱愛挑戰，不怕困難。

禎祥老師曾經在面臨人生谷底努力翻身的時候，用這個方法，改變他當時的負面信念。

當時的禎祥老師面對事業上很大的挑戰，他的組織本來有上萬人，卻被公司的政策搞得無所適從，產品價格變得十分紊亂，原本信念堅強的禎祥老師，甚至開始想：這樣做真的可以嗎？

但最後，他決定相信「發生任何事都是好事」。

或許這是要他轉換跑道的提醒。於是，從那時起，他對教育訓練領域更加認真地投入。

但他又想：我對教育訓練是門外漢，我真的做得到嗎？

於是禎祥老師想起自己的高峰經驗：我二十出頭可以在台北市不用貸款就買一間房子、可以在短短三年時間從負債到退休，還有什麼事可以難倒我？

從此之後，禎祥老師開始了知識經濟產業的生涯，並吸引了一群優質的年輕人和合作夥伴，也才有今天你手上的這本書。

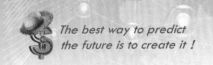

現在請你寫下你過往的「高峰經驗」，然後銘記在心，也許是你國小時得到的一張畫畫獎狀，也許是你演出一場精采的表演，也許是他人的一句鼓勵或讚美，無論這個成就多微不足道，只要當時你是感到有被激勵、熱血沸騰的，都把它列出來，越多越好。

13-4 管理你的影響力

每個人從出生到閉上雙眼的漫漫長路上，或多或少都有著對他人的影響力。

只是你所給予的影響力，是正面，亦或是負面呢？

當你是個牙牙學語的孩子，你是給予童稚的笑聲，讓周圍的人感到藉慰，還是頻繁地哭鬧，讓身邊的人煩憂？

當你是個學生，你是勇於獨立特行、追求自我的逐夢者，還是人云亦云、只為了滿足「社會期待」的讀書機器？你給予同學的是自信與熱情，還是凋零與壓力？

當你是個上班族，你是未來伴侶引以為傲的依靠和港灣，還是未來伴侶枯燥乏味的提款機、洗衣機？

當你年齡漸長，成為他人眼裡的長輩或前輩時，你是他人眼中足以信賴的智者，還是倚老賣老、道聽塗說之徒？

大部分情況下，你的影響力會隨著能力、地位和年齡與日俱增，當你的影響力可能成為某人心中參考的對象時，你所給予的是正面積極的、還是負面消極的？是有實務經驗的、還是以訛傳訛的？

你每分每秒造成的影響力，將會在一定程度上，決定你未來的財富。

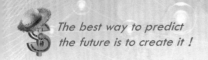

有的生意人始終不Integrity，甚至有人宣稱自己拿一億出來補貼客戶買電動機車，而客戶根本不知道其產品的成本低到嚇死人，被騙了還沾沾自喜，自以為賺到了；也有極少數生意人寧願燒掉幾

百萬，只為了兌現自己和朋友之間的承諾，並在徒弟面前承認自己能力有待加強，成為眾弟子的典範與標竿。

我們希望讓更多的人成為「富人」而不是「商人」，因為真正的「富人」熱愛生命、擁有非凡的自由，而且聚焦於對社會的貢獻，拒絕一切對社會不利的東西。

當這個世上的富人越多，這個世界就會更美好。

我們期許看完這本書的讀者們，能夠因為掌握了些許財富的密碼，在成為影響力的中心時，能同時成為領域中的典範，以及他人的祝福。

當你有朝一日，你的親朋好友、你的同學同事，甚至原本的陌生人，能夠因為你分享給他們一點財富的密碼，而心懷感激地說：「你真是我的貴人！」那樣的感覺，不是很好嗎？

感謝耐心翻閱到此處的你！

希望你可以成為高效能的管理者、自我職涯的執行長！

管理健康、管理腦袋、管理習慣！

祝福你擁有豐盛、富饒、恩典滿滿的生命！

Fighting！Fighting！Fighting！

後記

我們相信能看到這篇〈後記〉的你，一定付出很大的心力與毅力，對此，我們要給予熱情的掌聲。要寫完我們設計的功課，不是一般人做得到的，顯然你已今非昔比。

和教學比起來，我們比較傾向自己動手做，因為百年樹人的事是如此的不容易。因此我們也希望，我們能擁有一批受到恩典、受過訓練的聖戰士，和我們一起改善華人地區的教育訓練界——而我們希望你是其中的一份子，和我們一起重新訂立世上某些規則，寫下歷史的一頁。

請你想像一下，你的眼前有兩個未來的你：

一個是看書前很心動、看書時很感動、看完書卻一動也不動的你，三年後，你的生活一成不變，你的工作沒有改變，你的生命、生活、生計水平萬年不變。

一個是看書前很心動、看書時很感動、看完書馬上行動的你，你的行動力促使你改變你的生命品質，即使每天只進步一點點也好，你也想不斷往前邁進。隨著你學到的越多，接觸的環境越正向，你也越清楚自己的未來是什麼畫面，進而創造自己光明璀璨的未來！

二十一世紀唯一不變的真理就是「變」，我們不敢保證你在本書得到的任何優惠與活動，會在什麼時候產生變數，但可以肯定的是：只有行動力強、持續和我們保持聯繫的學員，未來會越變越好，因為他們都知道如何創造自己的未來！

如果你真誠地想要改變你的生命、生活、生計水平，現在就與我們聯絡，我們將和你分享「吃喝玩樂也能賺大錢」的祕訣，帶你進入現實版「偉大的航道」！

就如同Worldventures 的CEO——Mike所言：「我們期許自己打造一個品牌，更要不斷創新，向『NIKE』、『APPLE』看齊。我們不只是想要成為一個有名的品牌，而是一個受人尊敬，且對世界有貢獻的品牌，同時品牌形象清新又時尚，讓人們用不一樣的眼光看待這個行業，讓這世界因為有我們可以變得更好。」

我們也這樣期許自己。

謝謝您們的支持，願「真愛」的火把持續燃燒、點燃自己通往財富的大道，願「生命、生活、生計有信、有望、有愛、平安、喜樂」變成我們追求富裕賺大錢的最高指導原則！

現在！立刻！馬上！行動！

Just do it！

成資國際祝您平安、喜樂。

更多致富密碼請參閱「魔法師的學徒」個人專屬blog：

http://waynejiyesooyes.blogspot.tw/

經理人滔客誌：http://pro.talk.tw

NOTE

NOTE

NOTE

NOTE

超值推薦第2彈

主產品內容▶
32片CD

用聽的學行銷 32CDs 完整版

內容：四位天王級講師（**王寶玲、王在正、伯飛特、衛南陽**）親聲講授全部行銷密技，共32片CD光碟。

內容：售價NT$4986元→**特價NT$3168元**

→新絲路超值優惠價NT$1425元

購買方式：郵政劃撥：50017206 采舍國際有限公司

網路訂購：新絲路網路書店www.silkbook.com

《用聽的學行銷》32CDs完整版

購買方式：（02）8245-9896

（02）2248-7896 分機302

iris@mail.book4u.com.tw

《成功3.0 12CDs完整版》獨家內附10項贈品

1. 成功存摺 2. 成功CPR 3. 成功診療室 4. 成功方程式 5. 成功口頭禪
6. 成功隨堂考 7. 成功處方箋 8. 成功同心圓 9. 築夢信箋印花
10. 常春藤電訊原價1200元的電子書閱讀卡

您非買不可的理由

1 物超所值：位列「**亞洲八大名師**」首席的王博士，橫跨兩岸三地的演講費用，每小時從10,000人民幣起跳，一堂課更要價80,000台幣！現在**12片CD、840分鐘**，價值100,000元人民幣的音檔，只賣您新台幣**1,200**元！

2 限量販售：本有聲書**限量1000盒**，為避免排擠效應與莫非定律，「成功」也將有所限定。因此，售完後即不再出版。

3 成功隱學：有別於紙本書中所提之例，王博士將更為精彩、引人共鳴的**成功祕訣**與**案例**收錄有聲書中，精彩度必將讓您頻頻點頭、連聲道好！

GO ➡

國家圖書館出版品預行編目資料

當富拉克遇見海賊王：草帽中的財富密碼 / 黃禎祥、草大麥、紀硯峰 著. -- 初版. -- 新北市：創見文化, 2014.02　面；　公分

ISBN 978-986-271-466-9 (平裝)

1.管理科學

494　　　　　102026761

當富拉克遇見海賊王——

草帽中的財富密碼

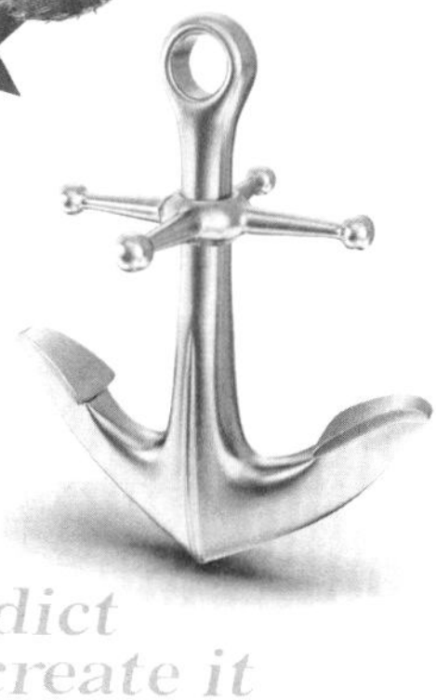

The best way to predict the future is to create it

本書採減碳印製流程
並使用優質中性紙
（Acid & Alkali Free）
最符環保需求。

當富拉克遇見海賊王
草帽中的財富密碼

作　　者 ◤黃禎祥、草大麥、紀硯峰
總 編 輯 ◤歐綾纖
文字編輯◤蔡靜怡
美術設計◤蔡瑪麗

郵撥帳號 ◤50017206 采舍國際有限公司（郵撥購買，請另付一成郵資）
台灣出版中心 ◤新北市中和區中山路2段366巷10號10樓
電　　話 ◤（02）2248-7896　　　傳　　真 ◤（02）2248-7758
ＩＳＢＮ ◤978-986-127-466-9
出版日期 ◤2014年2月

全球華文國際市場總代理 ◤采舍國際
地　　址 ◤新北市中和區中山路2段366巷10號3樓
電　　話 ◤（02）8245-8786　　　傳　　真 ◤（02）8245-8718

新絲路網路書店
地　　址 ◤新北市中和區中山路2段366巷10號10樓
電　　話 ◤（02）8245-9896
網　　址 ◤www.silkbook.com

創見文化 facebook https://www.facebook.com/successbooks

本書於兩岸之行銷（營銷）活動悉由采舍國際公司圖書行銷部規畫執行。